中国危机矿产评价方法研究

余 韵 陈甲斌 著

地质出版社

·北 京·

图书在版编目（CIP）数据

中国危机矿产评价方法研究 / 余韵, 陈甲斌著. —北京：
地质出版社, 2017. 12

ISBN 978-7-116-10767-0

Ⅰ. ①中…　Ⅱ. ①余…②陈…　Ⅲ. ①矿产资源—评价—
中国　Ⅳ. ①P624.6

中国版本图书馆 CIP 数据核字 (2017) 第 325753 号

责任编辑：赵　芳
责任校对：张　冬
出版发行：地质出版社
社址邮编：北京市海淀区学院路31号, 100083
电　　话：(010) 66554649 (邮购部)；(010) 66554613 (编辑部)
网　　址：http://www.gph.com.cn
传　　真：(010) 66554607
印　　刷：北京地大彩印有限公司
开　　本：889mm×1194mm
印　　张：12.5
字　　数：300千字
版　　次：2017年12月北京第1版
印　　次：2017年12月北京第1次印刷
定　　价：88.00元
书　　号：ISBN 978-7-116-10767-0

（如对本书有意见或建议，敬请致电本社；如本书有印装问题，本社负责调换）

前　言

近年来，围绕着矿产资源特别是危机矿产的全球地缘政治冲突不断，新能源技术和新材料技术特别是节能环保技术的发展对矿产资源提出的新需求，引发了各国（地区）政府、相关国际组织和全球学界关于矿产资源危机性、重要性、战略性及稀缺性等方面的研究，其中，危机矿产研究成为一个热点课题。

笔者结合"重要矿产资源市场监测与综合评价"相关项目的研究，在梳理美国、欧盟和澳大利亚等国家和地区危机矿产研究动态的基础上，探讨危机矿产的基本内涵、危机矿产和战略性矿产的联系与区别、危机矿产的主要特征、国外危机矿产政策、危机矿产界定评估方法等，先后在《国土资源情报》《国土资源经济参考》发表《美国危机矿产研究概况及其启示》《全球危机矿产研究的主要进展》《关于危机矿产界定评估方法研究的文献分析》等文章。在此基础上，提出中国危机矿产界定评估的总体框架、主要指标、备选矿种和数据来源，形成中国危机矿产界定评估的基本方案，初步界定评估出中国危机矿产的具体目录，撰写了《中国危机矿产评价方法研究》一书。

本研究认为，危机矿产应当具有重要性、战略性、稀缺性和动态性等特征，是促进社会进步、经济发展和保障人类生存的重要矿种，是维护国家安全和主要用于军事目的的战略矿种，是具备高技术特征或逐渐衰竭的稀缺矿种。当然，危机矿产是动态的、相对的，其重要性、战略性和稀缺性特征也是处于变化之中的。对于处在新时代的中国来说，除了上述特征之外，危机矿产是经济社会发展急需的矿种，是生态文明建设必需的矿种，是新能源和新兴战略产业发展特需的矿种，是出于资源、经济、环境、技术等各种原因而导致供应上可能存在一定障碍的矿种。这就是本研究对危机矿产内涵的基本定义。

在我国经济发展进入新常态、生态文明建设提出新要求、矿产资源开发面临新情况、矿业行业改革需要新动力的新时代，危机矿产研究是对矿产资源重要性、战略性和稀缺性认识的不断深化和新的发展。危机矿产研究从不同维度和侧面，更加深刻地阐述矿产资源的地位和作用，可以为矿政管理部门提供决策参考，为矿业公司尤其是勘查公司提供生产经营指南，有利于矿产资源的合理开发、有效利用和科学保护，具有重大的理论意义和现实意义。

本研究得到国土资源部矿产资源储量司司长鞠建华研究员、中国国土资源经济研究院院长张新安研究员等领导和专家的全力扶助和精心指导，得到资源经济管理研究室全体同事和中国地质大学（北京）多名师生的积极参与和大力支持。在此，向各位领导、各位专家、各位同事、各位师生表示诚挚的谢意！

危机矿产研究是一项动态性的研究工作，我们的研究还是对危机矿产的初步探讨，本书内容可能存在不足和疏漏之处。随着国民经济的快速发展，以及危机矿产重要性、战略性和稀缺性特征的不断变化，有必要进一步完善和深化危机矿产研究。在此，恳请广大读者对我们的研究给予批评、帮助和指导！

作　者

2017 年 11 月 11 日

目　录

前　言

第一章　全球危机矿产研究的主要进展 ……………………………………… 1

　　第一节　国外危机矿产研究动态 …………………………………………… 2

　　第二节　国外危机矿产政策 ………………………………………………… 7

　　第三节　中国对危机矿产的研究 …………………………………………… 8

第二章　危机矿产界定评估的基本方法 ………………………………………… 17

　　第一节　危机矿产界定评估方法研究的主要文献 ………………………… 18

　　第二节　美国国家科学技术委员会研究报告 ……………………………… 20

　　第三节　美国国家科学研究委员会研究报告 ……………………………… 22

　　第四节　欧盟和经合组织研究报告 ………………………………………… 24

　　第五节　英国地质调查局研究报告 ………………………………………… 26

　　第六节　BP 公司研究报告 ………………………………………………… 27

　　第七节　澳大利亚资源、能源和旅游部研究报告 ………………………… 29

　　第八节　张新安、张迎新研究报告 ………………………………………… 30

　　第九节　Graedel 等的 3D 研究报告 ……………………………………… 31

第三章　危机矿产界定评估的指标体系 ………………………………………… 33

　　第一节　生产集中度指标 …………………………………………………… 34

　　第二节　可替代性和回收利用率指标 ……………………………………… 35

　　第三节　政策稳定性指标 …………………………………………………… 36

　　第四节　环境风险指标 ……………………………………………………… 37

　　第五节　共伴生矿情况指标 ………………………………………………… 38

　　第六节　现有部分指标设置的主要问题 …………………………………… 38

　　第七节　欧盟与经合组织备选矿种的比较 ………………………………… 39

　　第八节　未来需求端分析 …………………………………………………… 42

第四章　中国危机矿产界定评估的初步方案 ··· 49

第一节　意义、目的与原则 ··· 50

第二节　总体框架 ··· 51

第三节　主要指标 ··· 52

第四节　数据来源 ··· 57

第五节　问卷调查 ··· 60

第六节　结果对比 ··· 61

第七节　结果分析 ··· 66

第五章　中国危机矿产界定评估的具体清单 ··· 73

第一节　铂 ··· 74

第二节　钯 ··· 77

第三节　锑 ··· 79

第四节　铝 ··· 82

第五节　重晶石 ··· 85

第六节　铍 ··· 89

第七节　铋 ··· 91

第八节　硼 ··· 94

第九节　镉 ··· 97

第十节　铜 ··· 100

第十一节　铬 ··· 103

第十二节　锰 ··· 105

第十三节　钒 ··· 108

第十四节　钛 ··· 111

第十五节　菱镁矿 ··· 115

第十六节　钼 ··· 118

第十七节　天然石墨 ··· 121

第十八节　镍 ··· 124

第十九节　钴 ··· 127

第二十节　铌 ··· 130

第二十一节　锡 ··· 133

第二十二节　钨 ……………………………………………………………… 136

第二十三节　镓 ……………………………………………………………… 139

第二十四节　锗 ……………………………………………………………… 142

第二十五节　铟 ……………………………………………………………… 145

第二十六节　铅 ……………………………………………………………… 148

第二十七节　锂 ……………………………………………………………… 151

第二十八节　铷、铯 ………………………………………………………… 155

第二十九节　铼 ……………………………………………………………… 157

第三十节　　锶 ……………………………………………………………… 160

第三十一节　滑石、叶蜡石 ………………………………………………… 163

第三十二节　钽 ……………………………………………………………… 166

第三十三节　碲 ……………………………………………………………… 168

第三十四节　稀土 …………………………………………………………… 171

第三十五节　萤石 …………………………………………………………… 175

第三十六节　钾盐 …………………………………………………………… 177

第三十七节　锌 ……………………………………………………………… 180

第三十八节　锆、铪 ………………………………………………………… 183

参考文献 ……………………………………………………………………… 187

第一章　全球危机矿产研究的主要进展

近年来，围绕矿产资源的地缘政治冲突不断，新能源技术和新材料技术特别是节能环保技术迅猛发展，矿产资源供需形势发生明显变化，引发了各国（地区）政府、相关国际组织和全球学界关于矿产资源危机性、重要性、战略性及稀缺性等方面的研究，其中，危机矿产研究成为一个热点课题。本章在梳理美国、欧盟和澳大利亚等国家和地区危机矿产研究主要进展的基础上，介绍了我国危机矿产研究的基本成果、国外危机矿产产业政策等内容。

第一节 国外危机矿产研究动态

内涵是一个概念所反映的事物的本质属性的总和，也就是概念的内容。关于危机矿产的基本内涵，国际上已有一定的研究，取得了较为丰硕的成果。例如，1939 年美国就制定了《战略性和危机性原材料储备法》，正式提出矿产资源的战略性与危机性概念。本研究认为，矿产资源的危机性、重要性、战略性和稀缺性，既是相互关联的，又是有所区别的。一方面，危机性、重要性、战略性和稀缺性都涉及矿产资源在一个国家或地区乃至全球经济和社会发展中的地位、作用及保有程度；另一方面，危机性、重要性、战略性和稀缺性是从不同维度和侧面阐述矿产资源的地位和作用。危机矿产的基本内涵与此密切相关。从当前研究的进展来看，美国、欧盟和澳大利亚对危机矿产的研究具有一定的代表性。

一、美国

美国自然资源丰富，矿产资源总探明储量居世界首位。煤、石油、天然气、铁矿石、钾盐、磷酸盐、硫磺等矿产资源储量均居世界前列，其他矿产资源有铜、铅、钼、铀、铝矾土、金、汞、镍、碳酸钾、银、钨、锌、铝、铋等，而钛、锰、钴、铬等矿产资源则主要依靠进口。美国对危机矿产的研究已经有较长的历史。20 世纪 80 年代，美国国家危机原材料委员会成立，其工作职能重点涉及危机矿产的研究。美国学者 Promisel 和 Gray（1982）、Norman（1985）先后发表文章，呼吁美国政府关注危机矿产。Gordon 等（2007）提出危机矿产供给的持续性问题，认为不仅要考虑危机矿产供给的内在限制，也要考虑危机矿产

的循环利用和再利用问题。美国国家科学研究委员会（NRC，2008）认为，危机性原材料有一个重要特点，就是没有令人满意的替代性原材料，或者只有少量的替代性原材料。因此，危机矿产涉及原材料的供应问题，呈现某些高科技领域的稀缺性。美国国防部（DOD，2013）认为，战略矿产和危机矿产是指在国家紧急状态期间，需要供军事、工业和平民所需，而国内并不能提供足够数量来满足需求的矿产资源。2010 年，美国国家科学技术委员会（NSTC）成立危机矿产和战略矿产供应链委员会（CSMSC），对矿产资源的危机性与战略性予以明确定义。2016 年，美国国家科学技术委员会与美国白宫科学技术政策局（OSTP）发布研究报告，认为危机矿产是一些为制造业提供最基本服务的矿种产业链，这个产业链一旦脆弱乃至中断，将会对整个国民经济带来冲击，也会对国家安全造成严重后果。美国国家科学技术委员会与美国白宫科学技术政策局认为，战略矿产是一系列的危机矿产，是国防安全的重要支柱。

矿产资源危机性的一个重要特点是相关矿种的国内产量不能满足自身需求。在美国危机矿产名录中，只有少数矿种是通过循环利用而自产的，其他矿种则主要依赖进口。美国有 18 种危机矿产是 100% 依赖进口（表 1-1-1）。还有一些危机矿产，如钴、钛精矿、锗、锌和铂族金属是 75% 以上依赖进口。2015 年，美国国会研究部（CRS）发布《中国资源产业政策背景下美国获取战略性和危机性矿产资源的路径》研究报告，认为过去 20 多年，美国从中国进口战略矿产和

表 1-1-1 2014 年美国高度依赖进口的 18 种危机矿产

序号	矿种	进口占比 /%	序号	矿种	进口占比 /%
1	砷	100	10	铌	100
2	石棉	100	11	石英晶体	100
3	铝及铝土矿	100	12	铷	100
4	铯	100	13	钪	100
5	萤石	100	14	锶	100
6	铟	100	15	钽	100
7	碘	100	16	铊	100
8	锰	100	17	钍	100
9	云母	100	18	钒	100

数据来源：Mineral Commodity Summaries（2015）

危机矿产的数量都在不断增加。从 1993 年开始，美国就注意到，对于危机矿产的进口要努力实现进口来源的多元化，但对于美国来说，中国依然是非常重要的危机矿产主要进口来源国。

与此同时，美国国会研究部罗列出美国和中国都高度依赖进口的危机矿产，这些危机矿产的进口来源国家和地区主要集中在南非、澳大利亚、南美和加拿大。例如，钴、铂、铬铁矿、钽和锰等危机矿产的生产基本上集中在南非，金红石矿的生产集中在澳大利亚和南非，铌矿的生产集中在巴西和加拿大（表 1-1-2）。

美国政府对危机矿产的高度重视激发出学界和相关机构关于危机矿产界定评估方法研究的热情。在实践中，不同的界定评估方法必然产生不同的界定评估结果，危机矿产界定评估方法研究直接影响危机矿产相关矿种的确定及危机矿产产业政策的制定，因此受到广泛关注。

2008 年，美国国家科学研究委员会发布《矿产资源、危机矿产与美国经济》研究报告，认为大多数危机矿产替代性差，所以如何使用非常重要；同时，大多数危机矿产在供给上受到限制。

表 1-1-2 2014 年美国高度依赖进口的危机矿产
进口来源国家和地区（除中国以外）

矿种	进口占比 /%	主要进口来源国家和地区
锰	100	南非
钒	100	非洲南部，俄罗斯
钽	100	非洲南部，巴西
铌	100	巴西，加拿大
钛资源	91	非洲南部，巴西
铂族元素	85	南非
钴	76	非洲南部
铬	72	非洲南部，俄罗斯

数据来源：Mineral Commodity Summaries（2015）

因此，美国国家科学研究委员会对危机矿产的界定评估选用了多个指标，如地理情况、科技进步、环境和社会影响、政策影响和经济影响等。随后，美国国防部（2008，2013）、美国国防分析研究所（IDA，2010）、美国能源部（DOE，2011）、美国物理学会（APS，2011）和材料研究学会（MRS，2011）、新美国安全中心（CNAS，

2011）、美国国家科学技术委员会和美国白宫科学技术政策局（2016）相继发布研究报告，提出了各自应用的危机矿产界定评估方法和所确定的危机矿产相关矿种结果（表1-1-3）。

实践证明，危机矿产界定评估研究是一项理论与实际相结合，而以应用性为主的工作。从事危机矿产界定评估研究的大多是政府机构。因为研究机构职能不同，所以各个机构研究的角度各有侧重。美国国家科学研究委员会、美国国家科学技术委员会和美国白宫科学技术政策局侧重于供给安全和经济发展的角度，美国能源部侧重于清洁能源生产的角度，美国国防分析研究所侧重于国家储备矿种的角度，美国物理学会和材料研究学会侧重于能源危机矿产的角度。在这些研究报告中，美国国家科学研究委员会和美国能源部的研究、美国国家科学技术委员会和美国白宫科学技术政策局的研究，代表着两种主要的危机矿产界定评估研究方法。

二、欧盟

欧洲联盟简称欧盟（EU），原有28个成员国，英国正式脱欧后，还有27个成员国。欧盟对危机矿产的认识，源自于矿产资源原材料对欧盟经济的至关重要性。在欧盟原始框架计划内，决定至少每3年评估一次矿产资源原材料，以便在欧盟层面建立具体而明晰的矿产资源原材料清单。2010年6月，欧盟委员会（EC）出版第一份专家报告，确定了危机矿产即关键原材料的鉴定方法。该报告提出了由14种矿产资源组成的危机矿产原材料清单。2011年，欧盟委员会正式通过这一清单，确定优先行动，检查成员国和利益相关者的执行情况，并且决定定期更新危机矿产原材料清单。欧盟委员会认为，当前往往突出显示诸如石油和天然气等能源材料的重要性；历史上的金属、矿物、岩石和生物材料的不可或缺的作用已经明显降低。然而，最近几年，确保

表1-1-3　美国主要的危机矿产界定评估研究报告

编号	研究机构名称	研究报告标题	时间	机构分类
1	美国国家科学研究委员会	Minerals, Critical Minerals, and the U.S. Economy	2008年	政府机构
2	美国国防部	Strategic Materials Protection Board. Report of Meeting	2008年	政府机构
3	美国国防分析研究所	From National Defense Stockpile (NDS) to Strategic Materials Security Program (SMSP): Evidence and Analytic Support	2010年	政府机构
4	美国能源部	Critical Materials Strategy	2011年	政府机构
5	美国物理学会和材料研究学会	Energy Critical Elements	2011年	政府机构
6	新美国安全中心	Elements of Security:Mitigating the Risks of U.S. Dependence on Critical Minerals	2011年	非政府机构
7	美国国防部	Strategic and Critical Materials 2013 Report on Stockpile Requirements	2013年	政府机构
8	美国国家科学技术委员会，美国白宫科学技术政策局	Assessment of Critical Minerals: Screening Methodology and Initial Application	2016年	政府机构

资料来源：作者整理

可靠、可持续和无失真获得的关键性非能源原材料受到越来越多的关注。欧盟委员会发起主题为"满足我们对增长的关键需求"的"原材料倡议"（RMI），用以管理和解决欧盟矿产资源的原材料问题。"原材料倡议"的动因基于：一是矿产资源重要性导致需求的不断变化；二是矿产资源供给条件的复杂性增多；三是矿产资源勘探开发对就业的影响。据当时的估计，欧盟有3000万个就业机会直接依赖于获取矿产资源原材料。然而几乎没有矿产资源初级生产行为发生在欧盟成员国内部，其中大部分由第三国生产和供应。欧盟界定评估的54种危机矿产供应来源地显示，这些原材料的供应由非欧盟国家主导，前十名供应来源国包括中国、美国、俄罗斯等（表1-1-4）。欧盟内部自身能够解决的危机矿产供应量估计只占需求总量的9%左右，欧盟各国中，法国、德国和意大利的危机矿产自力更生供应量排名比较靠前，但对外依存度也不低。

表1-1-4 非欧盟国家前十名危机性原材料供应国家

国别	供应占全球比例 /%	国别	供应占全球比例 /%
中国	30	南非	3.9
美国	10	智利	3.4
俄罗斯	4.9	加拿大	3.2
巴西	4.6	印度	2.5
澳大利亚	4.0	土耳其	2.1

数据来源：欧盟

在危机矿产原材料生产的品种方面，珍珠岩（37%）和其他几种工业矿物的最大供应量都来自欧盟内部，精炼铪（47%）也是欧盟成员国自己生产的重要原材料。相比之下，欧盟内部缺乏大量生产硼酸盐的原材料，铟、稀土和钛等原材料也只有少量生产。目前，欧盟虽然有许多不

明确或未探明的矿产资源储量，但由于经济复苏乏力，加上监管上越来越多的土地利用竞争限制等因素，导致一些次要产品生产部门和行业逐渐减少对矿产资源的需求。同时，对于许多矿产资源来说，其回收利用的程度并不十分理想。在大多数情况下，回收利用尚不能完全取代初级矿产品的生产，即使对于目前回收利用率比较高的矿产资源也无法实现替代，而需要依靠原材料的生产。因此，欧洲很多工业领域和经济部门依赖于国际市场提供必不可少的原材料，而这种进口依赖的集中度比较高，主要集中在欧盟之外的少数几个国家，如巴西（铌）、美国（铍）、南非（白金）和中国（罕见地球元素，锑，镁和钨）。危机矿产供应的集中度，又经常伴随着全球范围内对新兴战略原材料的竞争和"资源民族主义"的扩散，这种竞争和扩散呈现日益激烈的态势。基于全球危机矿产供应风险的增加、原材料价格上涨或价格波动、世界上主要矿产品供应商的垄断加剧、发展中国家经济增长而引发矿产资源市场需求增加等因素，导致欧盟必须持续关注其成员国的矿产资源的开发利用，因为欧盟委员会认为，与其他经济体相比，危机矿产问题更容易降低欧盟制造业的竞争力，更容易对欧盟整体工业价值链产生显而易见的影响。

鉴于上述情况，欧盟在"原材料倡议"下积极推进危机矿产研究。欧盟委员会（2010）认为，危机矿产是指资源量、储量及其服务年限可以评价，技术进展将会大规模推动其勘查开发，具备地缘经济可得性的矿产资源。2008年制定的《欧盟原材料倡议》，从3个方面入手阐述欧盟委员会的危机矿产战略：一是优化通过第三国公平竞争获得相关矿产资源的环境；二是促进欧盟内部来源的危机矿产原材料的可持续供应；三是不断提高矿产资源的利用效率，重点是大力促进矿产

资源的循环利用。2010 年，欧盟建立了最初的危机矿产界定评估方法，后来进一步予以更新和修正。2011 年，欧盟发布《应对大宗商品市场和原材料市场挑战的报告》，公布 14 种危机矿产目录。2013 年，欧盟发布《原材料倡议实施的报告》。2014 年 5 月 26 日，欧盟更新危机矿产原材料清单，用以支撑"原材料倡议"的实施。欧盟《关于全球化时代产业政策》《欧洲能源效率》等政策文件，均将危机矿产作为"2020 发展战略"的重要组成部分。

除了欧盟层面的举措之外，欧盟各成员国都制定了危机矿产原材料领域的研究方针和政策，用以确定对其经济重要的原材料，确保长期供应或将问题放在更广泛的资源效率范围之内考虑。因此，有些成员国危机矿产研究的结论和界定评估结果不完全与欧盟的报告一致。

法国战略金属计划（2010 年）确定了法国易受伤害地区的关键材料 / 金属短缺问题的解决方案，为政府提出了选择采取的具体措施，确保未来危机矿产的供应。

芬兰矿产战略（2010）概述了芬兰到 2050 年已知的战略和潜在的矿产资源，旨在确保芬兰国内矿业仍然保持动力和全球竞争力，以及对于工业生产十分重要特别是被确定为危机矿产的矿产资源的获取。

德国政府的"原材料战略"（2010）旨在达到维护原材料可持续供应德国经济的目的。虽然确保自己的原材料供应仍然是矿业行业的基本任务，但原材料政策的新目标是提高竞争力和加强资源效率的研究与创新。

荷兰原材料政策（2011）概述了危机矿产研究的 3 个主要目标：一是确保可用性，提高危机矿产原材料供给的可持续性；二是限制 / 减少国家需求对进口危机矿产原材料的依赖；三是提高危机矿产原材料的利用效率，确保荷兰经济发展过程中危机矿产原材料的消费。

脱欧之前，英国资源安全行动计划（2012）是一项自然资源联合战略。该计划详细介绍了英国政府如何认识到危机矿产问题的重要性和必要性，如何为企业行动提供解决危机矿产供给风险的行动框架，并列举了一个建立在政府与现有的伙伴关系之上的行动计划及关于自然资源问题的业务计划，在实施资源安全行动计划的同时，加强国家资源战略和危机矿产界定评估研究活动。

瑞典的矿产品战略旨在加强国家自身的危机矿产资源，确保瑞典在欧盟领先的矿产资源优势国家的地位和作用，通过可持续利用，建立尊重自然的文化理念和价值观。

三、澳大利亚

在世界范围内，澳大利亚是一个发达的矿产资源国家。其中，其铝土矿储量居世界首位，占世界总储量的 35%。澳大利亚是世界上最大的铝土、氧化铝、钻石、铅、钽生产国，其黄金、铁矿石、煤、锂、锰矿石、镍、银、铀、锌等产量也居世界前列。同时，澳大利亚是世界上最大的烟煤、铝土、铅、钻石、锌及精矿出口国，第二大氧化铝、铁矿石、铀矿出口国，第三大铝和黄金出口国。澳大利亚也十分重视危机矿产的供给和研究。目前，澳大利亚国内矿产品消费量相对较小，其矿产资源开发的主要目的是从事国际贸易。2012 年，澳大利亚矿产资源出口额占到全国出口总额的 60.5%，占到澳大利亚国内生产总值 10% 的份额（BREE，2012），而且，危机矿产是澳大利亚采矿和勘探行业潜在的追加勘探目标。因此，那些对于其他国家至关重要的矿产资源，目前可能对于澳大利亚本身来说显得并不重要。只有少数与农业部门有关的矿产品例外，如磷酸盐和钾肥。澳大利亚危机矿产研究的主要内容是：对金属和非金属矿产资源的潜力进行评估分析；提供有关危机矿产地质发生的技术信息，

以及澳大利亚的技术信息资源和发现新资源的潜力；引导矿产勘探公司走向，认识到澳大利亚的地质环境资源中危机矿产是已知的，可能存在的，或具有第一类资源潜力被发现。

第二节 国外危机矿产政策

世界各国开展危机矿产研究的主要目的是促进危机矿产产业发展，加大危机矿产资源勘查的投入，加强危机矿产开发利用的管理。因此，制定和实施科学的危机矿产产业政策，是达成上述目的的重要途径之一。在这方面，世界各国都有着相同或不同的危机矿产产业政策，本节主要分析美国的危机矿产产业政策，其中也涉及欧盟的相关做法，以资借鉴和参考。

一、立法

美国于 1970 年颁布的《国家采矿和矿产政策法》强调：要提振美国矿产资源产业，大力促进国内矿业发展，积极开展资源的循环利用。美国于 1980 年颁布的《国家原材料和矿产政策研究与发展法》提出：要持续发展美国资源产业，在保持资源生产、能源使用、环境安全、自然资源保护和社会需求之间长期平衡的基础上，确保涉及国家安全和经济发展的危机矿产的稳定供应。这两部法律均鼓励国内私有企业开发危机矿产，扩大危机矿产的国内供应量。但有些原材料在美国国内生产是不经济的，例如美国国内在开采生产或者下游行业对比其他国家或地区来说没有竞争优势的矿产资源，其公共政策是采取抵消非优势的措施。私有企业可以通过技术突破来解决生产过程中的高成本问题。尽管如此，美国非常重视进口依赖程度较高的

危机矿产，支持一系列潜在的联邦政府投资用以发展危机矿产的国内开采，尤其支持对外依存度很高的危机矿产的国内生产厂家，从而形成了一系列长期确保美国国家安全、促进美国经济发展的危机矿产产业政策。

二、投入

2006—2015 年，美国国内矿产资源勘查投入占全球矿产资源勘查总投入的 7%～8%，极大地促进了危机矿产储量的增加及其潜在生产能力的增强，其中，主要勘查的矿种是金矿和铜矿资源。在此期间，美国的矿业生产增加值翻了一番以上，矿产资源勘探开发利用发展迅猛，但是各个矿种的发展并不平衡，例如，铜矿和锌矿的产量有所增加但规模较小，银矿和金矿产量有所减少，规模也不大。根据美国地质调查局（USGS）数据，2014 年美国铝矿产量下降 25%，但钼矿产量几乎翻了一番。在美国的主要进口依赖矿种名单中，有 18 种是 100% 依赖国外进口；砷矿、石棉矿、铝土矿、萤石矿等 9 个矿种，在美国国内的储量和生产规模都非常小。2008 年，美国政府问责办公室（GAO）发布报告，认为美国内政部（DOI）没有完全掌握这些矿产资源在联邦范围内的储量情况，涉及固体矿产的矿山勘探开发等方面，需要进一步加大对危机矿产资源的勘查力度。美国国会（2015）提出，支持和鼓励

在美国、澳大利亚、非洲和加拿大开展更大规模的危机矿产资源勘查行动。

三、联动

美国能源部（2011）认为，政府应当高度重视危机矿产。对此，白宫成立了危机原材料研究工作小组，其主要职能是：推进危机矿产基础研发，促进危机矿产供应多样性，提供危机矿产市场风险信息。工作小组的成员来自联邦多个政府机构和工作部门，其中包括美国国家经济委员会（NEC）、美国贸易代表办公室（USTR）、美国国家安全委员会（NSC）、美国能源部。危机原材料研究工作小组的工作内容包括建立联邦基金，评估市场风险，提供决策支撑等。以稀土资源为例，由美国国防部为主体，负责评估国防工业对稀土资源的需求；以美国地质调查局为主体，负责评估稀土资源供应风险。在此基础上，工作小组通过国际组织和国与国协商谈判等方式，建立了全球性的稀土资源供应产业链，其中包括世界贸易组织（WTO）、20国集团（G20）、经济合作与发展组织（OECD）等。

四、研发

美国十分重视危机矿产的基础性研究开发工作和清洁能源经济的发展。通过基础性技术的研究开发，探讨拓展危机矿产供应多样性的途径与方法。开展危机矿产替代性研究和提高危机矿产回收利用率研究，探讨降低危机矿产供应风险的途径与方法，促进危机矿产的高效使用和循环利用。欧盟也是如此。欧盟积极支持危机矿产研究，已经通过"第七个研发框架计划"并予以全面实施。早在2009年，欧盟就投入1700万欧元，大规模开展危机矿产基础性研究开发工作，建立了欧洲各国共享的危机矿产数据库，开发出第一个泛欧卫星矿产资源数据库，形成了技术领先的4D计算机模拟系统。

第三节　中国对危机矿产的研究

一、危机矿产的基本定义研究

目前，全球已普遍开展关于危机矿产基本内涵的研究，并且逐步形成了一些共识。在借鉴国外研究成果的基础上，本研究认为，危机矿产应当具有重要性、战略性、稀缺性和动态性等方面的特征，是促进社会进步、经济发展和保障人类生存的重要矿种，是维护国家安全和主要用于军事目的的战略矿种，是具备高技术特征或逐渐衰竭的稀缺矿种。当然，危机矿产是动态的、相对的，其重要性、战略性和稀缺性特征也是处于变化之中的。对于处在新时代的中国来说，除了上述特征之外，危机矿产是经济社会发展急需的矿种，是生态文明建设必需的矿种，是新能源等新兴战略产业发展特需的矿种，是出于资源、经济、环境、技术等各种原因而导致供应上可能存在一定障碍和风险的矿种。

二、危机矿产的必备条件研究

根据上述关于危机矿产内涵的基本定义，对于某一个矿种，如果要界定评估其为危机矿产，应该重点考虑其需求和供给情况。一般来说，必须具有供给和需求两个方面的必备条件。在需求方面，危机矿产是现代化经济体系建设急需的矿种，是生态文明建设必需的矿种，是新能源等新兴战略产业发展特需的矿种；在供给方面，危机矿产是出于资源、经济、环境、技术等各种原因而导致供应上可能存在一定障碍和风险的矿种。

（一）急需必需特需的需求条件

1.危机矿产是现代化经济体系建设急需的矿种

党的十九大报告提出了"贯彻新发展理念，建设现代化经济体系"的战略目标。现代化经济体系与传统经济体系不同，两者的区别在于是否符合新发展理念。符合新发展理念的经济体系是现代化经济体系，否则就是传统的经济体系。党的十九大报告指出："建设现代化经济体系既是跨越关口的迫切要求，也是我国发展的战略目标。"对于一个国家来说，在不同的历史时期、不同的发展阶段，经济社会发展所急需的矿种是不同的。毫无疑问，在工业化初期和城镇化快速发展过程中，需要的是钢铁、煤炭和水泥等大宗矿产品。在后工业化时期，发展生态经济，产业转型升级，对矿产资源的需求也必然会相应地改变。

当前，全球第四次工业革命风起云涌，我国经济社会发展进入新时代，国际、国内的发展潮流形成历史性的交汇。从世界范围来看，国际产业分工格局正在重塑，新一代信息技术与制造业深度融合，必将引发影响深远的产业变革，形成新的生产方式、产业形态、商业模式和经济增长点。各国都在加大科技创新力度，推动三维（3D）打印、移动互联网、云计算、大数据、生物工程、新能源、新材料等领域取得新突破。基于信息物理系统的智能装备、智能工厂等智能制造正在引领制造方式变革；网络众包、协同设计、大规模个性化定制、精准供应链管理、全生命周期管理、电子商务等正在重塑产业价值链体系；可穿戴智能产品、智能家电、智能汽车等智能终端产品不断拓展制造业新领域。

阿隆索等（2012）和阿里等（2017）认为，在产业变革过程中，危机矿产的需求已经明显增加。Speirs等（2014）测算，1971—2011年，由于低碳技术的进步，导致部分金属需求大幅增长，如镓的增幅达1800%，碲的增幅达900%，锂的增幅达800%，钴的增幅达400%。世界能源理事会（2016）数据显示，2003—2013年全球铀产量增加了40%。目前，上述矿种已经列入世界大多数国家的危机矿产清单。

2.危机矿产是生态文明建设必需的矿种

党的十九大报告中指出："建设生态文明是中华民族永续发展的千年大计。必须树立和践行绿水青山就是金山银山的理念，坚持节约资源和保护环境的基本国策，像对待生命一样对待生态环境，统筹山水林田湖草系统治理，实行最严格的生态环境保护制度，形成绿色发展方式和生活方式，坚定走生产发展、生活富裕、生态良好的文明发展道路，建设美丽中国，为人民创造良好生产生活环境，为全球生态安全作出贡献。"建设生态文明，必须推进绿色发展。

绿色发展，就是要运用绿色技术，发展环境友好型产业，降低能耗和物耗，保护和修复生态环境，使经济社会发展与自然相协调。绿色技术是能减少污染、降低消耗和改善生态的技术体系，是由相关知识、能力和物质手段构成的动态系统。绿色技术代表未来制造技术的发展方向，是在保证产品功能、质量、成本的前提下，综合考虑环境影响、产品质量、资源消耗、生产效率、劳动条件等因素的现代制造模式，在整个制造过程中不产生环境污染或环境污染最小化，符合环境保护要求，对生态环境无害或危害极少，节约资源和能源，使资源利用率最高，能源消耗最低，劳动环境宜人，大幅度降低劳动强度。绿色制造是世界各国制造业未来发展的重要主题和技术创新领域。

建设生态文明，建设美丽中国，推进绿色发展，为我国制造业转型升级带来重大机遇。绿色发展需要大量的危机矿产，主要是稀土、稀有、稀散金属，特别是其中的一些合金元素，如稀土金属（包括17种元素）、钨、锑、锂、镓、锗、铍、镁、铟、铋、锶、钒、铪、钛、镉、硼、钡、钼、铂族金属（特别是铂、钯、钌）、钴、铌、钽、锆、铪、碲、铷、铯、铬、铼、硒、铊、石墨等。绿色发展的电力和电子设备技术所必需的关键金属包括钽、铟、钌（以上3种最为关键）、镓、锗、钯等；绿色发展的催化技术所必需的关键金属包括铂、钯、稀土金属等。

3. 危机矿产是新能源等新兴战略产业发展特需的矿种

国务院印发的《"十三五"国家战略性新兴产业发展规划》（国发〔2016〕67号）指出，进一步发展壮大新一代信息技术、高端装备、新材料、生物、新能源汽车、新能源、节能环保、数字创意等战略性新兴产业。其中，新能源产业是战略性新兴产业的基础，新能源技术是高技术的支柱。新能源技术包括核能技术、太阳能技术、燃煤、磁流体发电技术、地热能技术、海洋能技术等。其中，核能技术与太阳能技术是新能源技术的主要标志，通过对核能、太阳能的开发利用，打破以石油、煤炭为主体的传统能源观念，开创能源新时代。

美国物理学会研究指出，新能源等新兴战略产业发展特需的危机矿产可以分为四类，大致涉及30个矿种：一是稀土类，涉及14个矿种，包括镧、铈、镨、钕、钐、铕、钆、铽、镝、镱、

镥、钪、钇、铒等。其中，铒是不稳定的，另外铽、铒、铥暂未列入危机矿产名录。二是铂族元素，包括钌、铑、钯、锇、铱、铂，显得危机性突出。三是光伏技术使用的危机矿产，包括镓、锗、硒、铟、碲5种。四是其他用途的危机矿产，包括钴、氦气、锂、铼和银5种。

（二）存在一定障碍和风险的供给条件

作为危机矿产，在供应方面存在障碍和风险的原因是多方面的，任何一方面的因素都可影响供应的安全性、稳定性、多元性和经济性。从资源角度看，目前需要关注以下两类矿种。

1. 需重点关注的短缺矿种

第一类是短缺矿种，就是我国国内资源储量不足，需要从国外进口的矿种。目前，我国国内储量不足的矿种主要有铝土矿、钾、铜、锰、铬、硼、镍、锆、锂、钴、铌、钽、铍、铷、铯、铂族金属、碲、铼等（表1-3-1）。

进口集中度的高低是衡量供应短缺矿种的重要特征之一。一般来说，"进口集中度"表示前三位进口国总数量占全部进口数量比例。上述矿种供应短缺而且进口来源较为集中，以镍精矿为例，海关总署数据显示，2016年我国进口镍精矿3210.6万吨，其中从某国进口镍矿3053.63万吨，占进口总量的95.11%，进口集中度非常高。而此前我国从某国2013年进口镍精矿4105.2万吨，2014年为1063.9万吨，受政策影响2015年仅为17.4万吨，2016年为33.98万吨。这说明，短缺矿种的供应受制于他人，容易产生供应风险和进口格局变化。

由于进口集中度过高，使短缺矿种的危机程度攀升。以铝土矿为例，我国铝土矿资源品质欠佳，而氧化铝产量快速增加，使得铝土矿供需矛盾越来越突出。海关总署的数据显示，2016年

表 1-3-1 2016 年我国主要短缺矿种的世界储量及分布

矿种	世界储量 / 万吨	储量分布	中国占比
铝土矿	2800000	几内亚（26.4%）、澳大利亚（23.2%）、巴西（9.3%）、印度尼西亚（7.5%）、牙买加（7.2%）	3.0%
钾盐	430000	加拿大（23%）、俄罗斯（20%）、白俄罗斯（18%）、美国（6%）、约旦（6%）、以色列（6%）	9.0%
铜	72000	智利（29%）、澳大利亚（12%）、秘鲁（11%）、墨西哥（7%）、美国（5%）、俄罗斯（4%）	3.9%
锰	69000	南非（29%）、乌克兰（21%）、巴西（17%）、澳大利亚（13%）、印度（8%）	6.0%
铬	50000	哈萨克斯坦（46%）、南非（40%）、印度（11%）	—
硼	38000	土耳其（60%）、美国（11%）、智利（9%）	8.4%
镍	7800	澳大利亚（24%）、巴西（13%）、俄罗斯（10%）、新喀里多尼亚（8%）、古巴（7%）、印度尼西亚（6%）、菲律宾（6%）	3.2%
锆	7500	澳大利亚（65%）、南非（19%）、印度（5%）	0.7%
锂	1400	智利（53.6%）、阿根廷（14.3%）、澳大利亚（11.4%）	22.9%
钴	700	刚果（金）（47.9%）、澳大利亚（16%）、古巴（8%）、菲律宾（5%）、赞比亚（5%）	1.1%
铌	430	巴西（95%）	—
钽	>10	澳大利亚（69%）、巴西（36%）	—
铍	10	美国（60%）	—
铷	9	赞比亚（56%）、津巴布韦（11%）	—
铯	9	津巴布韦（66.7%）、赞比亚（33.3%）	—
铂族金属	6.7	南非（88.7%）、俄罗斯（8.7%）、美国（1.3%）	—
碲	2.5	秘鲁（15%）、美国（14%）、加拿大（3%）、瑞典（3%）	—
铼	0.25	智利（53%）、美国（16%）、俄罗斯（12%）、哈萨克斯坦（8%）	—

数据来源：Mineral Commodity Summaries（2017）

我国共进口铝土矿 5178 万吨，其中从澳大利亚、几内亚和马来西亚 3 个国家进口铝土矿占比分别为 41.2%、23.0% 和 14.4%，合计占比达 78.6%。因此，铝属于高度危机矿种。

2. 需正确认识的优势矿种

第二类是需要重点关注我国优势矿种的供需形势演变。稀土金属、钨、锑、镓、锗、镁、铟、铋、锶、钒、铊、钛、镉、钡、钼、石墨、滑石、萤石等，属于我国优势矿种，但由于治理结构、市场变化、科技研发等因素，导致供应方面出现若干问题，目前成为危机矿产，主要分为 3 种情况：一是由于治理结构问题已经出现"优转劣"势头的矿种，如锡；二是由于市场问题而逐渐丧失影响力的矿种，如石墨、稀土等；三是由于科技研发问题尚未找到充足市场的矿种，如轻稀土、钼、钒等。

三、危机矿产的主要特征研究

本研究认为，危机矿产具有重要性、战略性、稀缺性和动态性等特征。在危机矿产和战略矿产的区别与联系中，将具体分析危机矿产的战略性特征。在此，仅就危机矿产的重要性、稀缺性、动态性特征予以初步分析。需要说明的是，危机矿产已经表现出的重要性、战略性、稀缺性和动态性特征是系统、全面、整体的，是互相关联、互相影响、互相作用的。

（一）重要性特征

矿产资源的重要性，是指矿产资源的巨大价值和影响的性质。毫无疑问，危机矿产必定是十分重要的矿产资源。本研究认为，危机矿产是促进社会进步和经济发展、保障人类生存的重要矿种。美国国家科学委员会（2008）曾经指出，危机矿产不仅是被狭隘地视为战略性的矿产，衡量尺度是其使用的重要性和可获得性。Coulomb等（2015）认为危机矿产具有两个特点：一是经济上的至关重要性；二是供应上的巨大风险性。由此可见，危机矿产虽然是重要的矿产资源，但不完全等同于广义的重要的大宗贸易矿产资源。例如，铜、锌、铁矿石和铝等，在全球市场有着较大贸易份额，但不能以贸易份额决定铜、锌、铁矿石和铝等是否属于危机矿产。从全球范围来看，危机矿产的重要性特征越来越明显。特别是金属、非金属和矿物原料的可用性支撑的高科技企业，对许多行业的持续发展至关重要。美国、欧盟进行了危机矿产的评估研究，用以界定哪些矿种是危机矿产。广泛的危机金属、非金属元素和矿物质，虽然通常使用数量较少，但也至关重要，具有重大的供应风险。主要贸易的矿产品如铁矿石、煤炭、铝和铜在多个行业中广泛使用，

非常重要，但其供应多样，资源量大。主要工业金属矿产品用于包括美国、欧盟和日本在内的工业经济体的制造业；同时，中国、印度、巴西、俄罗斯、印度尼西亚等快速工业化和城市化进程国家在许多情况下继续保持高增长使用率；而且，在能源生产和减少温室气体排放的能源终端阶段使用。这些都涉及危机矿产。

（二）稀缺性特征

矿产资源的稀缺性，是指相对于人类多种多样且无限的需求而言，满足人类需求的矿产资源是有限的。危机矿产的稀缺性体现为这些矿种逐渐衰竭的特点，以及危机矿产具备的高技术特征。一般来说，危机矿产没有令人满意的替代性原材料，或者只有少量的替代性原材料。因此，危机矿产涉及原材料的供应，主要在某些高科技领域体现出稀缺性，而不是所有领域的需求。如果危机矿产的基本功能无法体现，就会影响到经济社会和其他各个方面。另外，危机矿产的供应限制，表现为高科技领域的危机性，或者国内供应不足，或者价格过高。澳大利亚工业创新部在讨论危机矿产的定义时，认为经济上的至关重要性和供应上的巨大风险性是并列的。实质上，经济上的至关重要性必然导致供应中断的巨大风险性。危机矿产的供应风险来自4个主要原因：一是产品的稀缺性；二是供应的多样性和稳定性；三是仅仅作为副产品生产；四是国家或特定公司关于危机矿产生产和加工的集中程度。应当看到，危机矿产的稀缺性由许多因素决定，包括：地球内的地质丰度；商品经济学；一种材料可由另一种材料取代的程度；回收的程度。如前所述，危机矿产是一些矿种产业链，为制造业提供最基本的服务，这个产业链一旦脆弱乃至中断，将会对经济或安全带来严重后果。因此，必须注意危机

矿产供应的危机程度：一是某些矿种国内储量很少，或者国内难以开发利用；二是某些矿种进口来源不稳定、不安全，从国外获取的渠道不畅通、不连续，因而关系到国家能源的安全；三是某些矿种的开发利用会对生态环境造成严重影响。由此可见，危机矿产的危机程度涉及国家经济安全、能源安全、生态安全的危机程度。

（三）动态性特征

动态性是指事情发展变化的情况和运动变化的状态。危机矿产是动态的、相对的，其重要性、关键性、战略性和稀缺性特征也是处于变化之中的。当然，有的矿种长期都是危机矿产，但有的矿种的重要性、战略性和稀缺性特征则随着时间轴的改变而改变。一般来说，危机矿产重要性的含义是动态变化且与具体情景相关的。例如，1803 年，当路易斯安那州因为采购事宜调查土地而征求路易斯和克拉克的意见时，托马斯·杰斐逊（Thomas Jefferson）总统指示刘易斯（Meriwether Lewis）"注意各种矿物生产，但更要特别注意的是金属、石灰石、煤矿"。两个世纪之后，随着时间的变化，情况发生了重大变化，这个值得特别注意的矿物生产名单变得越来越复杂。例如，早期的电脑制造需要不到 10 种不同的矿物成分，现在的智能手机和平板电脑制造则需要 50 多种不同的矿物成分。那些被认为是当今最关键的矿物之一的稀土元素（REE），仅仅在此前 10 年左右才被列入危机矿产名单。

危机矿产的动态性特征还表现为地理空间差异。危机矿产的界定评估，需要根据国家或地区的实际情况，采用规范和可测度的方法及模型进行具体研究。一些大宗矿产品生产包括开采和冶炼环节，矿产品位不确定，导致其在世界范围内的资源评估量有着很高的不确定性。一些矿产资源储量和资源数据无法获取（如碲、汞、砷、镓、铟、锗、镉、萤石和硒），还有一些矿产资源（如砷、锑、铋、镉、汞、硒和碲）伴生在镍、铜等金属中，因此需要认真评估其动态性。

四、危机矿产和战略矿产的联系与区别研究

危机矿产与战略矿产之间是一种什么关系？这是学界关注的一个突出问题。相对而言，关于战略矿产的研究已经取得丰硕成果，而关于危机矿产的研究则比较滞后。在我国，战略矿产研究已经从理论层面转化为实践操作。2016 年 11 月，国务院批复通过《全国矿产资源规划（2016—2020 年）》，首次将 24 种矿产资源列入战略矿产目录，包括：能源矿产石油、天然气、页岩气、煤炭、煤层气、铀；金属矿产铁、铬、铜、铝、金、镍、钨、锡、钼、锑、钴、锂、稀土、锆；非金属矿产磷、钾盐、晶质石墨、萤石。战略矿产作为矿产资源宏观调控和监督管理的重点对象，在资源配置、财政投入、重大项目、矿业用地等方面加强引导和差别化管理，用以提高资源安全供应能力和开发利用水平。但是，我国尚未开展危机矿产的深入研究和危机矿产目录的界定评估工作，使得危机矿产研究成为有待攻克的重点课题和大有作为的研究领域。

本研究认为，危机矿产与战略矿产既有密切联系，又有一定区别。可以肯定地讲，战略矿产不能等同于危机矿产，更不能替代危机矿产。战略矿产研究是危机矿产研究的基础。危机矿产研究是对矿产资源重要性、战略性和稀缺性认识的不断深化和新的发展。关于危机矿产的研究，必将超越和加深战略矿产的研究，由此从不同维度和侧面，更加深刻地阐述矿产资源的地位和作用，有利于矿产资源的合理开发、有效利用和科学保护，具有重大的理论意义和重要的现实意义。

1. 从经济角度看，危机矿产重要性的涵盖范围远远超过战略矿产

理论上讲，危机矿产比战略矿产的涵盖范围更加宽泛。实践中看，危机矿产比战略矿产的资源种类更加复杂。总的来说，危机矿产可能是也可能不是战略矿产，但战略矿产必然是危机矿产。也就是说，危机矿产完全包含战略矿产，但战略矿产不能等同和替代危机矿产。Robinson（1986）认为，危机矿产是指影响到国家经济健康和安全的矿产资源。从各个国家衡量评估危机矿产的二级指标也能看出，相对于战略矿产，对危机矿产的研究更加侧重于国家经济安全角度的考虑。DeYoung 等（2006）认为，来自国外供应的、可能会危及国内经济健康和安全的矿产资源是危机性的。美国国家科学研究委员会（2008）、美国能源部（2011）、欧盟委员会（2010）评估危机矿产的二级指标均涉及经济重要性。

2. 从军事角度看，战略矿产的运用暂时多于危机矿产

Bradfish（1987）对战略矿产的定义是：军事和民用所需的必要数量的、没有可替代品的、超过合理安全度的国内外供应来源的矿产资源。Evans（1993）和 DeYoung 等（2006）均认为，从学术文献来看，军事上使用的矿产资源是战略性的；DeYoung 等（2006）还认为，战略矿产与国家紧急状态或战争中物质的可获得性有关。当然，危机矿产具有战略性特征，体现为保障国家安全的至关重要性，也体现为这些矿种所具备的高技术特点。美国地质调查局认为，如果一个重要经济部门需要某种矿产，并从国家角度看，这种矿产对国家经济发展至关重要，尤其涉及国家安全问题，同时没有更多替代品，而且主要来自国外，那么这种矿产就是战略矿产。美国国防部（2013）和《战略性和关键性原材料储备法案（2005）》定义的战略矿产，是指在美国国家紧急状态期间，需要提供军事、工业和平民所需，然而美国并不能提供足够数量来满足需求的矿产资源。

3. 从资源角度看，危机矿产和战略矿产都与加强能源安全有关

能源安全是全球的关注重点。能源安全包括以下六方面内容：一是物质安全的替代性。指能源资产、基础设施、供应链和贸易路线的安全，以及紧急情况下必要和迅速的能源资产、基础设施、供应链和贸易路线的替代。二是能源获取的关键性。指不论是物质上的还是合同上的，抑或是商业上的开发和获取能源供应的能力。三是能源供应的稳定性。能源安全是一种由国家政策和国际机制构成的系统或体系，旨在对于供应中断、油价暴涨等紧急情况，以合作和协调的方式迅速做出反应。四是能源投资的连续性。能源安全需要足够的政策支持和安全的商业环境，需要鼓励投资，确保充足和及时的能源供应。五是变化趋势的可控性。能源安全与气候变化或环境安全问题密切联系。当今气候变化和环境安全的困境在于能源的生产和消费方式，节能减排、低碳经济、清洁能源发展，已经成为能源技术革命和全球能源结构变化的主要趋势。六是能源安全的全局性。能源安全不仅仅局限于石油供应和油价安全，能源供应暂时中断、严重不足或价格暴涨对一个国家经济的损害，主要取决于经济对能源的依赖程度、能源价格、国际能源市场，以及应变能力（包括战略储备、备用产能、替代能源、能源效率、技术力量等）。关于能源的供应来源、供应链条、供应安全问题，是危机矿产与战略矿产关注和研究的共同之处。美国 Alkane Resources 公司认为，危机矿产是那些对工业生产和（或）国家

能源供应具有重大影响的矿产资源或金属产品。美国国家科学研究委员会（2008）、美国能源部（2010）的指标设计中都有资源供应中断风险这个重要指标，主要体现能源供应的安全程度，是否有可靠的来源，能不能保障持续供应等问题。因此，无论是战略矿产还是危机矿产，都应当进一步加强对能源安全的研究。

4. 从生态角度看，危机矿产比战略矿产显得更加重要

相对于战略矿产，当前国际上关于危机矿产评估的指标中均加入了可替代性、循环利用、回收利用率等指标，这些都是关系到生态安全的指标。2010 年，欧盟在更新危机矿产目录时把环境因素作为一个重要指标纳入框架体系，但后来因为数据收集较为困难，在 2014 年更新目录时又去掉了这个指标，现在则开始重新考虑这个问题。Graedel 等（2012）认为，危机矿产不仅是必需品，易受供应的限制，而且对环境存在影响。当前，危机矿产界定评估模型中直接设立环境指标的主要是 Graedel 等学者的危机矿产 3D 评估模型，这个模型重点考虑了环境影响指标，而且明确指出，环境影响指标的内涵包括人类健康和生态影响。

5. 从技术角度看，危机矿产比战略矿产更加突出科技创新作用

当前的研究已经形成共识：危机矿产是高技术矿产资源。高技术矿产是指地球上存量稀少的矿产资源；是指因为技术水平和经济因素而导致目前提取困难的矿产资源；是指现代工业及未来伴随着技术革命所形成的新兴产业所必需的矿产资源。危机矿产主要用于低碳经济条件下生产精密的高科技产品及环保型产品，具有特别重要的意义，可以使一个经济体保持经济竞争实力，从而处于科技创新的前沿地位。综合而言，高技术矿产主要体现出以下四方面特点：一是危机矿产在地球上存量稀少。多数高技术矿产与主矿产共伴生，缺少独立矿床。大多数"三稀"金属都符合这一特点。二是危机矿产主要运用于高科技领域。重点包括电力和电子设备技术、光伏技术、电池技术、催化技术等领域。主要可以分为：新能源产业重点使用的危机矿产，如发展电力混合汽车所必需的锂资源；生态友好型产业重点使用的危机矿产，包括碳捕集和碳减排需用的矿产；战略性新兴产业重点使用的危机矿产。三是高技术矿产的市场容量相对较小但增长迅速。大多数高技术矿产的世界总需求量介于数百吨至数万吨之间，但每年的需求量增长速度可以高达两位数。在高技术矿产的供应方面，欧盟、日本和美国缺少资源，相对处于比较脆弱的地位，可能成为其经济运行的一个瓶颈因素；但发展中的资源国，由于科技不够发达，高技术矿产的需求量较少。四是高技术矿产循环回收利用的潜力相对较小。目前，在发达国家中，钢铁、铜等大宗矿产资源的二次回收利用率已经高达 50% ～ 80%，但高技术矿产由于其终端应用比较分散且用量不大，所以回收难度大，一般情况下二次回收利用率仅 10% ～ 20%。

第二章　危机矿产界定评估的基本方法

　　危机矿产的界定评估，就是在理论探讨的前提下，在实际操作中运用相关模型确定哪些矿种属于危机矿产的具体测算分析的过程和结果。近年来，世界各国关于危机矿产界定评估方法的研究比较活跃。本研究从 26 份涉及危机矿产界定评估研究的经典文献中选取 8 份，研究机构或研究人员分别为美国国家科学技术委员会（2016），美国国家科学研究委员会（2008）和美国能源部（2011），欧盟委员会（2010，2014）和经济合作与发展组织（2015），英国地质调查局（2015），BP 公司（2012，2014），澳大利亚资源、能源和旅游部（2013），张新安、张迎新（2011），Graedel 等的 3D 模型（2015），对其整体框架、具体指标和界定结果逐一加以分析。

危机矿产界定评估方法研究的主要文献

本研究认为，2008 年美国国家科学研究委员会发布《矿产资源、危机矿产和美国经济》报告之后，国际上涉及危机矿产界定评估研究的经典文献至少有 26 份，其中政府官方机构的研究报告 13 份，分别为美国政府官方机构研究报告 8 份，欧盟官方机构研究报告 3 份，英国、澳大利亚政府官方机构研究报告各 1 份；非政府组织、学术机构的研究报告 13 份，包括美国、中国、欧洲、澳大利亚学者的研究报告（表 2-1-1）。

Graedel 等（2015）认为，近几年对危机矿种最有影响力的界定评估研究报告来自美国国家科学研究委员会（2008），其采用二维界定评估

表 2-1-1　危机矿产界定评估方法研究的主要经典文献

编号	机构名称	发布报告名称	发布时间	备注
1	美国国家科学研究委员会	Minerals, Critical Minerals, and the U.S. Economy	2008 年	政府
2	美国国防部	From National Defense Stockpile (NDS) to Strategic Materials Security Programme (SMSP): Evidence and Analytic Support	2008 年	政府
3	欧盟委员会	Critical Raw Materials for the EU Report of the Ad-Hoc Working Group on Defining Critical Raw Materials	2010 年	政府
4	美国国防分析研究所	From National Defense Stockpile (NDS) to Strategic Materials Security Program (SMSP): Evidence and Analytic Support	2011 年	政府
5	美国能源部	Critical Materials Strategy	2011 年	政府
6	美国物理协会	Panel on Public Affairs and Materials Research Society (MRS)	2011 年	政府
7	英国地质调查局	Risk List	2012—2015 年	政府
8	澳大利亚资源、能源和旅游部	Critical Commodities for A High-tech World: Australia's Opportunities to Supply Global Demand	2013 年	政府
9	美国国防部	Strategic and Critical Materials 2013 Report on Stockpile Requirements	2013 年	政府
10	欧盟委员会	Report on Critical Raw Materials for the EU	2014 年	政府
11	经济合作与发展组织	Critical Minerals Today and in 2030: An Analysis for OECD Countries	2015 年	政府
12	美国国家科学技术委员会，美国白宫科学技术政策局	Assessment of Critical Minerals: Screening Methodology and Initial Application	2016 年	政府
13	欧盟委员会	Study on the Review of the List of Critical Raw Materials	2017 年	政府
14	日本新能源和工业技术发展组织	Trend Report of Development in Materials for Substitution of Scarce Metals	2009 年	非政府组织

编号	机构名称	发布报告名称	发布时间	备注
15	Buchert M., Schüler D. & Bleher D.（Öko 研究院）	Critical Metals for Future Sustainable Technologies and Their Recycling Potential	2009 年	非政府组织
16	GE 公司	Design in An Era of Constrained Resources	2010 年	公司
17	BP 公司	Materials Critical to the Energy Industry: An Introduction	2014 年	公司
18	Oakedene Hollins	Material Security. Ensuring Resource Availability to the UK Economy	2008 年	学术研究
19	Rosenau 等	Assessing the Long-term Supply Risks for Mineral Raw Materials: A Combined Evaluation of Past and Future Trends	2009 年	学术研究
20	张新安，张迎新	把"三稀"金属等高技术矿产的开发利用提高到战略高度	2011 年	学术研究
21	Graedel T. E. 等	Criticality of Non-fuel Minerals: A Review of Major Approaches and Analyses	2011 年	学术研究
22	Graedel T. E. 等	Methodology of Metal Criticality Determination	2012 年	学术研究
23	Roelich K. 等	Assessing the Dynamic Material Criticality of Infrastructure Transitions: A Case of Low Carbon Electricity	2014 年	学术研究
24	Graedel T. E. 等	Six Years of Criticality Assessments: What Have We Learned So Far?	2015 年	学术研究
25	Graedel T. E. 等	Criticality of Metals and Metalloids	2015 年	学术研究
26	Sykes 等	An Assessment of the Potential for Transformational Market Growth Amongst the Critical Metals	2016 年	学术研究

数据来源：作者整理

框架，包括矿产资源供应风险和矿产资源供应约束影响两个一级指标。该评估框架对后来的界定评估有很大影响，包括欧盟（2010，2014，2017）、美国能源部（2010）的界定评估框架都受其影响，但英国地质调查局（2012）走出了这个框架，另辟蹊径。Graedel 等（2015）把二维界定评估框架扩展为三维界定评估框架，增加了环境影响，Graedel 等称其"战略性矿产矩阵"扩展了"战略性矿产空间"。2016 年，美国科学技术委员会发布研究方法，又走出了危机性矿产矩阵或者 3D 空间的思路，将界定评估还原为更加关注指标组，尤其是对其经济重要性的理解。

总之，危机矿产界定评估研究将危机矿产的重要性、战略性、稀缺性、动态性特征作为基础。

世界各国关于危机矿产界定评估的主要指标分为两方面：一是危机性指标。危机性是危机矿产最根本的属性。矿产资源危机性包括危险程度、爆发态势、传播状况、影响时间等要素，必须衍化为定性或定量指标，是界定评估总体框架中唯一的一级指标。具有危机性的矿种，是在全部矿产资源中表现出重要性、关键性、战略性和稀缺性特征的矿种。二是供应风险指标。危机代表风险。供应风险是指在一定条件下和特定时期内，矿产资源供应预期结果和实际结果之间的差异程度。供应风险的来源有 4 个主要方面：该矿种的稀缺性；该矿种供应的多样性和稳定性；该矿种开采过程中的形式，是否只是其他矿种的共伴生矿；该矿种生产的集中度，是否集中在几个国家或者几个公司手中。由此可见，危机矿产界定评估还涉及以下指标：产量变化率、市场应对力、生产集中度、可替代性和回收利用率、政策稳定性（如政府治理指数 WGI、政策潜力指数 PPI、人类发展指数 HDI）、矿种生产类型、环境风险、金属评估、共伴生情况等。世界各国关于危机矿产界定评估的方法和模型大同小异，主要区别在于框架确定、指标选取和时段差别。

第二节　美国国家科学技术委员会研究报告

2016 年 3 月，美国国家科学技术委员会发布《危机矿产的评估方法和初步应用》（Assessment of Critical Minerals: Screening Methodology and Initial Application）研究报告，将危机矿产的界定评估分为两个步骤：第一步，大范围评估。这种评估是一种早期监测评估，其目的是定义一组矿产资源是"有潜力的危机矿产"，评估该矿产资源 5 ～ 10 年内的潜力。第二步，深层次分析。在早期监测的大范围评估筛选出来的评估矿种的基础上进行跟踪监测和详细具体评估（图 2-2-1）。

美国国家科学技术委员会的战略构想是，在早期的大范围评估阶段，通过测算矿产资源供应风险、产量增长率和市场应对力，相应地评估地缘政治性生产集中度的风险、矿产市场规模变化及矿产价格的变化，最终确定有潜力的危机矿产。早期大范围评估阶段的思路是，把所有的结果统一到 0 ～ 1 的范围之内，价值更高者代表具

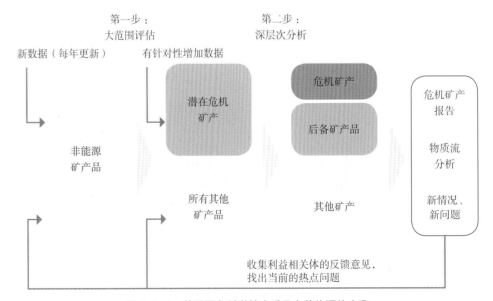

图 2-2-1　美国国家科学技术委员会整体评估步骤

有更高潜力的危机性矿种，为界定评估危机矿产奠定基础（表 2-2-1）。

美国国家科学技术委员会的早期评估分别计算供应风险（R）、产量增长率（G）、市场应对力（M）这 3 个一级指标，测算矿种危机值（C），具体公式为

$$C = \sqrt[3]{R \cdot G \cdot M} \qquad (2-2-1)$$

供应风险（R）的界定评估结果是：1996—2013 年供应风险最高的矿产资源有 10 种，包括稀土元素、铌、钌、铑、锑、钨、铱、独居石、铁钼合金、铁铌合金。这些矿产资源的生产集中

表 2-2-1 美国国家科学技术委员会战略构想

评价思路	一级指标	指标方法	指标描述
潜在关键性矿产评估（C） $C = \sqrt[3]{R \cdot G \cdot M}$ 原始数据及标准化后的数据	供应风险（R）	HHI[*] WGI	HHI 试图评估地缘政治性生产集中度的风险 WGI 包括政府问责、政策稳定性、政府效率、政策规制，法律，反贪
	产量增长率（G）	产量增长率（G）	试图评估矿产市场规模变化
	市场应对力（M）	市场应对力（M）	试图评估矿产价格的变化

[*] HHI 即 Herfindahl-Hirschman 指数。

矿种	1996年	1997年	1998年	1999年	2000年	2001年	2002年	2003年	2004年	2005年	2006年	2007年	2008年	2009年	2010年	2011年	2012年	2013年
铱	0.44	0.42	0.60	0.63	0.54	0.45	0.39	0.51	0.47	0.49	0.49	0.52	0.44	0.41	0.40	0.43	0.38	0.37
铑	0.53	0.56	0.44	0.40	0.48	0.47	0.45	0.45	0.42	0.45	0.51	0.53	0.48	0.47	0.42	0.43	0.44	0.47
钌	0.42	0.37	0.42	0.43	0.50	0.49	0.53	0.54	0.49	0.49	0.51	0.66	0.58	0.57	0.52	0.52	0.50	0.46
锑	0.49	0.52	0.49	0.45	0.47	0.45			0.41	0.44	0.45	0.48	0.45	0.36	0.36	0.42	0.39	0.35
钨				0.34	0.36	0.36	0.38		0.40	0.52	0.48	0.41	0.46	0.37		0.36	0.41	0.40
稀土元素组						0.36	0.39	0.38		0.34	0.45	0.45	0.50	0.50	0.52	0.58	0.54	0.48
钒							0.38	0.40	0.40	0.47	0.44	0.39					0.34	0.35
锗								0.35	0.35	0.36		0.36	0.55	0.50	0.44	0.37	0.36	0.37
精炼铋									0.38	0.34	0.37	0.60	0.57	0.46	0.47	0.42	0.36	
钼铁									0.67	0.71	0.66	0.54	0.45	0.43	0.41		0.55	0.53
汞									0.37	0.45	0.38		0.37		0.37	0.51	0.51	0.44
云母										0.45	0.47	0.46	0.52	0.56	0.44	0.40	0.38	
钯						0.35	0.37	0.39	0.36	0.36	0.37	0.40	0.36					
硅锰									0.34		0.34	0.37	0.34		0.36	0.34		0.40
钇											0.51	0.57	0.60	0.62	0.49	0.55	0.49	0.51
铋矿											0.44	0.48	0.49	0.48	0.44	0.36	0.35	
钢								0.36	0.42	0.49	0.48	0.43	0.35					
铌											0.39	0.41	0.48	0.48	0.39	0.37		
钽					0.41	0.43	0.44	0.42	0.42	0.40								
铌铁													0.43	0.38	0.43	0.45	0.36	
钒铁									0.50	0.43	0.39	0.38	0.37	0.33				
菱镁矿														0.50	0.48	0.51	0.41	0.37
独居石															0.34	0.47	0.43	0.43
钴矿															0.37	0.36		0.34
铁矽													0.38	0.36	0.35			
金属镁												0.34	0.37	0.36				
铼													0.41	0.37				
铍							0.36											
铬铁													0.35					
锰铁													0.34					
镍铁																0.34		
钼							0.35											
硅										0.36								

图 2-2-2 美国国家科学技术委员会早期评估结果

在几个主要国家。美国国家科学技术委员会认为，这些国家政府治理能力较低而具高风险，因此未来出现供应中断的可能性较大。相比之下，有些矿产资源，如铝土矿、硫、钾盐、钛、锰、铁矿石、镍矿、铜矿、银矿、锌矿、金矿和长石供应风险较低，这些矿产资源的生产国分布较广，这些国家政府治理水平较高而具低风险。还有一些矿产资源为中度风险，这些矿种的生产不是高度集中（例如锡），或者生产国政府治理环境很好（例如碘）。从产量增长率结果看，1996—2013年，一些矿产资源供应风险发生了明显变化，如石墨、锰矿、钴、镓、锗、汞、铅、铋。

由图2-2-2可见，美国国家科学技术委员会的评估结果界定了33个矿种的危机值，从高到低依次为：铱、铑、钌、锑、钨、稀土元素组、钒、锗、

精炼铋、钼铁、汞、云母、钯、硅锰、钇、铋矿、铟、铌、钽、铌铁、钒铁、菱镁矿、独居石、钴矿、铁矾、金属镁、铼、铍、铬铁、锰铁、镍铁、钼、硅。

美国国家科学技术委员会认为，这个界定评估结果是预料之中的。有些矿种具有较低危机性的评估量，如铝土矿、硫、钾盐、钛、铁矿石、镍矿、铜矿、锌矿、银矿、金矿和长石；有些矿种具有高危机性的评估量，如稀土元素、铌、钌、铑和铁钼合金。

美国国家科学技术委员会界定评估的特点有两点：一是时间段较长，从1996年至2013年，跨度达17年；二是对经济重要性的判断，有些矿种行业很小，在最终消费占比中的影响力较小，但其经济影响力还是不容忽视的。

第三节 美国国家科学研究委员会研究报告

多年来，美国国家科学研究委员会地球资源委员会一直致力于对非能源矿产的研究，包括对国内市场及对全球市场尤其是美国主要进口矿种的研究。2008年，美国国家科学研究委员会发布《矿产资源、危机矿产和美国经济》研究报告。2011年，美国能源部在美国国家科学研究委员会方法的基础上发布《危机矿产战略》研究报告。

美国国家科学研究委员会的评估主要针对非能源危机矿产，着力界定危机矿产的两个重要维度：一是经济重要性（矿产资源供应中断的影响程度）；二是可获得性。在这一思路下，美国国家科学研究委员会将定性维度与定量维度相结合，形成了解决问题的方案。详见图2-3-1。

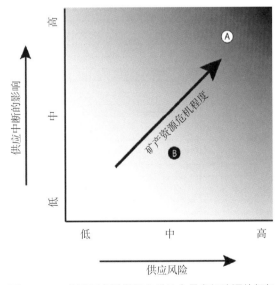

图2-3-1 美国国家科学研究委员会界定矩阵评估框架

Morley 等（2008）和 Duclos 等（2010）认为，应该在美国国家科学研究委员会评估框架内加入矿产资源可替代性、矿产资源共伴生情况、矿产资源回收利用潜力等方面的内容。

细化美国国家科学研究委员会评估的二级指标框架，其中，评估矩阵的纵轴为供应中断的影响程度。以美国铜矿产品为例，供应中断的影响程度包括该矿种 2006 年（评估框架发布前两年）美国国内消费量的美元价值占主要消费国总量的百分比，该矿种全球产能集中度等情况。供应中断的影响程度从低至高评分，分为 1～4 分。评估矩阵的横轴是供应风险程度，包括该矿种 2006 年美国进口依赖度、世界储产比、世界基础储量/产量比、世界伴生矿产量/总产量、美国二次回收/美国表观消费量。供应风险程度从低至高评分，亦分为 1～4 分。详见图 2-3-2。

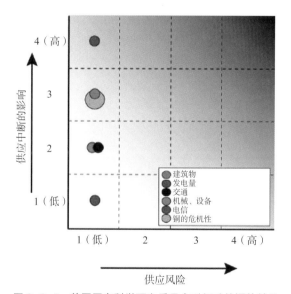

图 2-3-2 美国国家科学研究委员会对铜矿的评估结果

在美国国家科学研究委员会框架下，美国能源部的评估结果是非能源用于清洁能源的原材料的界定。界定维度包括清洁能源经济重要性（清洁能源需求量权重为 0.75，可替代性局限性权重为 0.25）和供应风险（基本获取率权重为 0.40，竞争性技术需求权重为 0.10，政策规制和社会因素权重为 0.20，其他市场权重为 0.10，生产集中度权重为 0.20）。详见表 2-3-1。

表 2-3-1 美国能源部评估框架

一级指标	二级指标及其权重
经济重要性	清洁能源需求量（0.75）
	可替代性局限性（0.25）
供应风险	基本获取率（0.40）
	竞争性技术需求（0.10）
	政策规制和社会因素（0.20）
	生产集中度（0.20）
	其他市场（0.10）

在美国国家科学研究委员会框架的计算过程中，上述指标和权重都是一致的，但所取时间轴长短不同：一是短期（0～5 年），一是中期（5～10 年）。从测算结果来看，在指标和权重相等的前提下，时间轴的长短具有一定的作用，不同的时间轴会产生不同的结果。例如，短期来看，锂资源供应风险为 1（低），对清洁能源的重要性为 2，整体评分为"不危机"；但是长期来看，锂资源供应风险为 2（低），对清洁能源的重要性为 3，整体评分为"较危机"。再如铟，短期来看，铟资源供应风险为 3，对清洁能源的重要性为 2，整体评分为"较危机"；长期来看，铟资源供应风险为 2，对清洁能源的重要性为 2，整体评分为"不危机"。

从美国能源部的评估结果可以看出，对于危机矿产的界定，必须特别注意时间区段问题。在研究过程中，有必要选取两种乃至三种时间轴，也就是说延长时间区段，以此区分不同时间区段危机矿产所含的不同矿种。

第四节　欧盟和经合组织研究报告

随着经济的增长和就业压力的增加，欧盟委员会对危机矿产的关注越来越多。在"欧盟原材料计划"（the EU Raw Materials Initiative）框架下，欧盟委员会决定每3年对危机矿产名录进行一次更新。2010年6月，欧盟委员会发布了基于专家学术报告的界定危机矿产的方法。2011年，欧盟委员会正式更新了危机矿产名录。在这方面，经济合作与发展组织（简称"经合组织"，OECD）也有相同观点和做法。

一、欧盟委员会评估的总体框架

欧盟委员会的主要评估方法是危机性矩阵，也有学者提出三维和危机性指标，用于危机性或者重要性研究。针对不同目的，分为一级、二级指标，对定性问题进行定量化阐述，找出对应目标的指标。与美国国家科学研究委员会的思路相似，欧盟委员会亦评估危机矿产的两个重要维度：

一是经济重要性（矿产资源供应中断的影响程度）；二是可获得性。在这个思路下，将定性维度与定量维度相结合。与美国国家科学研究委员会的总体框架相比较，欧盟委员会评估框架的横轴变成了危机矿产经济重要性测度及出现供应短缺局面时的负面影响（图2-4-1）。由此可见，欧盟委员会评估方案对候选的矿产资源可以进行两个维度的评价：一是供应风险，具体指标包括可替代性、可回收利用率、国家对某矿种的产量集中度、治理政策的稳定性等；二是经济重要性，具体包括矿种的消费比例、最终消费行业增加值总额（表2-4-1）。

表2-4-1　欧盟委员会评估框架

一级指标	二级指标（2014）	二级指标（2017）
经济重要性	矿种的消费比例	矿种的消费比例
	最终消费行业增加值总额	最终消费行业增加值总额
供应风险	国家产量集中度	国家产量集中度
	政策稳定性	政策稳定性
	回收利用率	可回收利用率
		可替代性
	可替代性	全球供应国
		对外依存度
		贸易情况

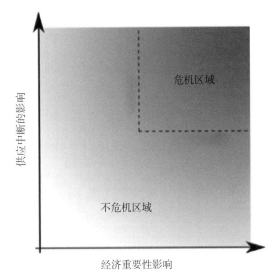

图2-4-1　欧盟委员会界定矩阵评估框架

（图中：纵轴 供应中断的影响；横轴 经济重要性影响；危机区域；不危机区域）

二、欧盟委员会的界定评估结果

2010年，欧盟委员会推出包含16种危机矿产的名录，包括锑、铍、钴、萤石、镓、锗、重稀土、铟、轻稀土、镁、天然石墨、铌、铂族金属、钨、钪、钽。2014 年，欧盟更新危机矿产名录。方法和数据来源与 2010 年一致，增加了 6 种矿种，减少了 2 种矿种，危机矿产名录包括锑、铍、硼酸盐、钴、萤石、镓、锗、重稀土、铟、轻稀土、镁、天然石墨、铌、铂族金属、磷矿 (phosphate rock)、金属硅、钨、铬、炼焦煤、菱镁矿，总数变为 20 种。2017 年，欧盟再次更新危机矿产名录，增加为 26 个矿种，包括锑、重晶石、铍、铋、硼酸盐、钴、萤石、镓、锗、铪、氦、重稀土、铟、轻稀土、镁、天然石墨、天然橡胶、铌、铂族金属、磷矿 (phosphate rock)、磷（phosphorus）、钪、金属硅、钽、钨、钒。

在欧盟委员会评估方法的基础上，经合组织评估方案的特点是：既对当前情况予以短时间轴分析，又对 2030 年情况进行长时间轴预判。经合组织分析了 51 种不同的矿产资源，测量维度有两个方面：一是矿产资源经济重要性，包括矿种的消费比例、最终消费行业增加值总额；二是矿产资源供应风险，包括可替代性、可回收利用率、生产集中度、储量集中度、政策稳定性（表 2-4-2）。

表 2-4-2　经济合作与发展组织评估框架

一级指标	二级指标
经济重要性	矿种的消费比例
	最终消费行业增加值总额
供应风险	可替代性
	可回收利用率
	生产集中度
	储量集中度
	政策稳定性

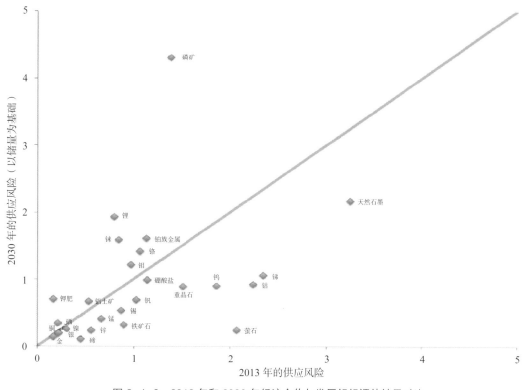

图 2-4-2　2013 年和 2030 年经济合作与发展组织评估结果对比

由图 2-4-2 可以发现，从短期来看，经合组织的评估结果是，矿产的资源禀赋导致的资源稀缺没被考虑为供应风险的判断元素，这可能是一个遗憾；从长期来看，经合组织在界定短时间轴危机性矿种的前提下，进一步界定 2030 年长时间轴的危机矿产，这可能是一个创新。有的矿产当前是有供应风险的，但是在 2030 年来看，考虑到社会存量的增加和回收利用技术的进步，以及可替代性原材料的出现，供应风险下降，如锌、铁矿石、锡等，有些矿种 2030 年的供应风险比现在上升，如锂、稀土等主要用于高技术产业而且当前替代性差的矿种。

第五节　英国地质调查局研究报告

英国地质调查局自 2011 年和 2012 年研究矿产资源供应风险指数，随后每年进行危机矿产风险名录更新，2015 年更新了英国需要关注的 41 种元素或元素组。英国地质调查局的界定评估方法不断改善，2015 年新增共伴生金属伴生产量的调查，查明某一种金属矿被开采出来时伴随另外一种共伴生矿的产量。2015 年的界定评估方案还删除了资源稀缺度的评价指标。在 2015 年的界定评估过程中，英国地质调查局也充分意识到数据可获取的重要性。

一、英国地质调查局评估的总体框架

英国地质调查局对危机矿产的界定评估没有采用危机性矩阵，而是采用危机性指标组。该危机性指标组共包含 7 个指标：生产集中度，储量分布情况，回收利用率，可替代性，主要产出国的政府情况，储量集中国的政府情况，共伴生矿占比。英国地质调查局对每个指标都进行定量计算，并将每个指标分成三组得分，例如，生产集中度得分分为三档，集中度小于 33.3% 属于低档，在 33.3% ~ 66.6% 之间属于中档，大于 66.6% 属于高档（表 2-5-1）。每个矿种都必须分别测算 7 个指标得分并分档，然后进行加总。加总得分还需标准化，例如，稀土元素组分别算出数值和对应得分，总得分为 20 分，最后计算其标准化得分为 9.5 分。

表 2-5-1　英国地质调查局评估框架

一级指标	指标分类	指标说明
生产集中度（前三名国家）	1（低）：< 33.3% 2（中）：33.3% ~ 66.6% 3（高）：>66.6%	
储量分布情况	1（低）：< 33.3% 2（中）：33.3% ~ 66.6% 3（高）：>66.6%	
回收利用率	1（高）：>0% 2（中）：10% ~ 30% 3（高）：< 10%	来自联合国环境署 2011 年报告《金属回收率》中的 42 个矿种

续表

一级指标	指标分类	指标说明
可替代性	1（低）：< 0.3 2（中）：0.3 ～ 0.7 3（高）：>0.7	来自 Augsburg 大学 2011 年《能源工业的危机材料 (2011)》和欧盟 2010 年、2014 年分析的 31 个矿种
主要产出国的政府情况	1（高）：>66.6% 2（中）：33.3% ～ 66.6% 3（低）：< 33.3%	来自世界银行《政府治理指数（2010）》
储量集中国的政府情况	1（高）：>66.6% 2（中）：33.3% ～ 66.6% 3（低）：< 33.3%	来自世界银行《政府治理指数（2010）》
共伴生矿占比	1（低）：< 33.3% 2（中）：33.3% ～ 66.6% 3（高）：>66.6%	

注：7个指标均折算成1～3分，然后等权重算出最后得分。

二、英国地质调查局评估结果

按照上述评估框架，英国地质调查局危机矿产供应风险指数从高到低依次为：稀土元素组、锑、铋、锗、钒、镓、锶、钨、钼、钴、铟、砷、镁、铂族金属、锂、钡、石墨、铍、银、镉、钽、铼、硒、汞、萤石、铌、锆、铬、锡、锰、镍、钍、铀、铅、锌、铁矿石、钛、铜、铝、金。

从这个危机矿产风险名单可以发现以下特点：一是英国地质调查局认为主要的危机矿产集中在极少数国家；二是英国地质调查局关注稀有稀散金属，从英国地质调查局发布危机矿产风险名单至今，稀土元素组一直位居榜首；三是英国地质调查局认为稀土元素组元素回收利用率很低，可替代性很小。

第六节 BP 公司研究报告

2014 年，BP 公司发布《能源工业中危机材料使用介绍（第二版）》研究报告。该报告主要更新了 2012 年第一版数据，增加了 4 种元素。BP 公司推出自己的危机矿产界定评估方法和名录，其特点是从能源消费角度予以考虑，分析当前的能源消费路径和未来可能出现的新的能源消费路径。BP 公司研究发现，从最初碳、铁的消费开始，随着技术革命不断推进和演化，当前消费的矿产资源种类已经非常丰富，而且消费越来越多的高技术矿产和清洁矿产。这个思路与美国能源局（2011）界定评估危机矿产名录的初衷基本相似。

一、BP 公司评估的总体框架

BP 公司的评估方法是矿产资源元素筛选过滤法。筛选过滤前，全部元素聚集在漏斗的最上方。筛选过滤开始后，整个流程分为 3 个阶段：第一阶段，按照用途筛选过滤，把在能源消费中使用的矿产资源元素筛选出来,其他元素被排除。第二阶段,考虑矿产资源的自然禀赋,筛选出来的元素在地壳里含量很少,或者分布在较少几个国家。第三阶段,筛选出来的元素处在能源消费链之中,而不是其工业领域,如核工业领域。还有一些矿产资源元素被排除,如有毒物质砷;替代性很强的元素,如铝;未来资源量很大的元素,如锌。

BP公司的评估方法与英国地质调查局相类似,把指标计算出得分后分成高、中、低三档,每个指标都有具体对应的分类方式。关于供应中断的评价,BP公司选择了6个指标:储量,贸易,环境影响,开采过程是否有共伴生矿,可替代性,可回收利用率(表2-6-1)。

二、BP公司的界定评估结果

BP公司的评估结果为:镉、铬、钴、铜、镓、锗、铟、锂、钼、镍、铌、钯、磷、铂、钾、稀土、铼、铑、银、碲、钨、铀、钒。将上述矿产资源供应中断带来的能源风险分为高、中、低三种程度,详见表2-6-2。

表2-6-1 BP公司供应中断评价指标

指标	高	中	低
储量	储产比(R/P)< 20年;储产比(R/P)< 100年,但是存在半垄断生产	储产比(R/P)为20~80年或者没有数据	储产比(R/P)> 80年并且垄断生产
贸易	无贸易且存在半垄断生产	没有贸易或者半垄断生产或者没有数据	有贸易并且垄断生产
环境影响	元素有毒或者在生产过程中低品位矿石有毒或放射性物质	有毒性或者没有数据生产过程中催化毒素	无毒
开采过程是否有共伴生矿	该矿为伴生矿	该矿为主矿,但需要复杂的提取工艺;或者伴生矿或者没有数据	该矿在技术上为主矿
可替代性	作为原材料没有可替代性或者可替代但是自身危机	有可替代产品但是会降低其性能或者没有数据	可替代
可回收利用率	没有回收利用技术	有限制条件下的回收利用或者没有数据	有回收利用技术或者全球回收利用率超过50%

注:半垄断生产指一个国家或一个公司的产量超过全球总产量的50%,或者两个公司或国家产量超过全球总产量的70%。

表2-6-2 BP公司评估结果

矿种	储产比	油气生产	生物能源生产	煤炭生产	核能	风力发电	太阳能光电板	太阳能终端设备	冶炼生产	终端能源设备	传动装置	电池设备	电动车生产	燃料车生产	热力设备	灯具生产	电器设备
镉	22	低	低	低	低	低	高	低	低	低	低	高	低	低	低	低	低
铬	19	高	低	高	高	低	高	高	高	高	低	低	低	低	低	低

续表

矿种	储产比	油气生产	生物能源生产	煤炭生产	核能	风力发电	太阳能光电板	太阳能终端设备	冶炼生产	终端能源设备	传动装置	电池设备	电动车生产	燃料车生产	热力设备	灯具生产	电器设备
钴	68	高	低	高	高	高	低	低	高	高	高	高	高	低	低	低	低
铜	40	中	低	中	中	中	低	中	低	中	中	低	低	低	中	低	中
镓	—	低	低	低	低	低	高	低	低	低	低	低	低	低	低	高	高
锗	—	低	低	低	低	低	高	低	低	低	低	低	低	低	低	高	低
铟	—	低	低	低	低	低	高	低	低	低	低	低	低	低	低	高	高
锂	351	低	低	低	低	低	低	低	低	低	高	高	高	低	低	低	高
钼	44	高	低	高	高	高	高	低	高	高	高	低	低	低	低	低	低
镍	36	高	低	高	高	高	低	低	高	高	高	高	低	低	低	低	高
铌	62	高	低	高	高	高	低	低	高	高	高	低	低	低	低	低	高
钯	—	低	低	低	低	低	低	中	低	低	低	中	低	低	低	低	低
磷	319	低	高	低	低	低	低	低	低	低	低	低	低	低	低	低	低
铂	—	低	低	低	低	低	低	高	低	低	低	高	高	低	低	低	低
钾	279	低	高	低	低	低	低	低	低	低	低	低	低	低	低	低	低
稀土	1000	低	低	低	高	高	低	低	高	低	高	高	高	低	低	高	低
铼	48	低	低	低	低	低	低	低	高	低	低	低	低	低	低	低	低
铑	—	低	低	低	低	低	低	低	高	低	低	低	低	低	低	低	低
银	23	低	低	低	低	中	中	低	低	中	低	低	低	低	低	低	中
碲	—	低	低	低	低	低	高	低	低	低	低	低	低	低	低	低	高
钨	44	高	低	高	高	高	低	低	高	高	高	低	低	低	低	低	低
铀	91	低	低	低	高	低	低	低	低	低	低	低	低	低	低	低	低
钒	222	高	低	高	高	高	低	低	高	高	高	高	低	低	低	低	低

第七节　澳大利亚资源、能源和旅游部研究报告

澳大利亚是一个大宗矿产品主要出口国，但是国内消费量相对较小。因此，其他国家的危机矿产评估方法对澳大利亚来说并不适用。2011—2012年，澳大利亚矿产资源出口额占出口总额的60.5%，占澳大利亚GDP的比例超过10%。

澳大利亚资源、能源和旅游部采用危机性矩阵方法评估，并定期发布危机矿产名录。《高科技世界的危机矿产：澳大利亚供应全球需求的机会》研究报告发布于2013年。

一、澳大利亚资源、能源和旅游部评估总体框架

评估的视角是从地理信息和技术信息出发，考虑澳大利亚危机矿产的资源量和资源潜力。评估报告分为两部分：一是总结其他国家和地区的危机矿产评估方法，包括欧盟、日本、韩国、英国和美国等；二是评估澳大利亚的危机矿产。

澳大利亚资源、能源和旅游部的评估框架主要分为四个方面：一是对比主要机构的危机矿产，是一种危机程度排序；二是矿产资源供给分析，包括全球产量、主要产出国产量、全球储量和澳大利亚储量；三是矿产资源需求分析，即主要进口国的贸易金额；四是矿产资源可替代性描述（表2-7-1）。

二、澳大利亚资源、能源和旅游部评估结果

该评估报告将资源危机程度分为一类资源危机性指数和二类资源危机性指数。一类资源危机性指数所含的矿种在澳大利亚具有较高的资源潜力，包括铜、镍、铂族金属、稀土元素组、锆等（表2-7-2）。这些矿种除铜和锆外，其余矿种在欧盟、日本、韩国、英国和美国的评估中也被考虑。

表 2-7-1　澳大利亚资源、能源和旅游部评估总体框架

一级指标	二级指标
供给分析	全球产量
	主要产出国产量
	全球储量
	澳大利亚储量
需求分析	主要进口国的贸易金额
可替代性	可替代性描述

表 2-7-2　澳大利亚资源、能源和旅游部一类资源危机性指数

资源分类	危机程度
稀土元素	29
铂族金属	22
钴	21
镍	13
铬	12
锆	6
铜	2

第八节　张新安、张迎新研究报告

中国学者张新安、张迎新（2011）把"三稀"金属等高技术矿产的开发利用提高到战略高度，提出高技术矿产的定义：高技术矿产系指那些地球上存量稀少，因技术和经济因素提取困难，现代工业以及未来伴随着技术革命所形成的新兴战略产业所必需的矿产。它们用于在低碳经济条件下生产精密的高科技产品和环保型产品，具有特别重要的战略意义，可以使一个经济体保持经济竞争力，处于科技创新的前沿地位。

张新安、张迎新认为，不同国家确定高技术矿产的标准不同。可以根据不同类型矿产在经济社会发展过程中的地位、作用，以及不同类型

矿产自身在全球的禀赋、分布和供应风险等，确定哪些矿产属于高技术矿产。主要包括以下 3 个指标：

第一，经济意义指数，也可称为矿产品的增值倍数效应，主要表现在三方面：一是矿产品终端用途分类，特别是在高技术和战略性新兴产业方面的应用情况及潜力；二是矿产增长效应，将矿产品的终端用途分解，计算将每种矿产作为投入的经济部门的增值，基于"增值链"原理分解经济部门，在增值链的每个环节，矿产原材料上游的供应瓶颈均威胁着整个价值链；三是某种矿产品的市场需求增长幅度，高技术矿产在一般情况下需求增长迅速。

第二，供应风险指数。由 4 个指标复合计算供应风险指数：一是生产国的稳定性和集中度，也可称为矿业区域集中度（大多数高技术金属的全球产量90%以上集中在3～5个国家）。运用 Herfindahl-Hirschman 指数（HHI）评价集中度（HHI 指数主要用于竞争及反垄断的诉讼或评价）。HHI 指标高意味着供应风险高。HHI 指数计算结果进一步与资源生产国政治和经济稳定性相联系。资源生产国政治和经济稳定性指标用世界银行的"政府治理指数"（WGI）来衡量。二是实际稀缺性（储量与年需求量之比），即动态的储量服务年限。三是市场性短缺的可能性，指矿产品生产与需求之间的时滞。四是结构性或技术性稀缺的可能性，如大多数高技术矿产主要作为副产品生产，结构性短缺的可能性较高。

第三，回收替代指数。一般来说，可以由 3 个指标复合计算回收替代指标。一是可替代性，对某种矿产品来说，它是各用途可替代性的加权累计值。二是终端应用类型的普遍性，其决定了回收难度。三是回收时的物理 / 化学限制因素，包括回收技术与回收设施的可得性、回收的价格刺激因素等。

张新安、张迎新提出中国的 33 种战略高技术矿产：优势战略高技术矿产，重点包括稀土金属（包括 17 种元素）、钨、锑、锂、镓、锗、铍、镁、铟、铋、锶、钒、钪、钛、镉、硼、钡、钼等 18 种；短缺战略高技术矿产，重点包括铂族金属（特别是铂、钯、钌）、钴、铌、钽、锆、铪、碲、铷、铯、铬、铼、硒、铊、铀、钍等 15 种。中国这 15 种高技术矿产的资源量在国际市场上没有优势地位。

第九节　Graedel 等的 3D 研究报告

2015 年，Graedel 等的《金属和非金属的危机性分析》研究报告发表于《美国科学院学报》，该报告属于非官方的学术研究，是一种 3D 评估模型，具有较强的理论探讨特征。

Graedel 等的评估方法是对美国国家科学研究委员会和欧盟方法的扩展。其评估指标主要分为三方面：一是评估供应限制的脆弱性，包括对国家经济的重要性和替代性。二是评估供应风险（SR），主要包括地理的、技术的、经济的因素（如耗竭时间、伴生金属等），以及社会和规制因素（如 FRASER 研究院的政策潜力指数 PPI、联合国的人力发展指数 HDI 等）、地缘政治因素（如政府治理指数（WGI）中的政策稳定性 PV、世界银行全球供应集中度等），在此仅列入地理的、技术的、经济的因素。三是评估环境影响，包括人力健康和生态系统的影响（表 2-9-1；图 2-9-1）。

表 2-9-1　Graedel 等的评估框架

一级指标	二级指标	三级指标
供应局限的脆弱性	重要性	Material assets
	替代性	替代性
		环境影响率
供应风险	地理、技术、经济因素	可耗竭时间
		共伴生矿情况
环境影响	人类健康、生态系统影响	Cradle to gate 生命周期

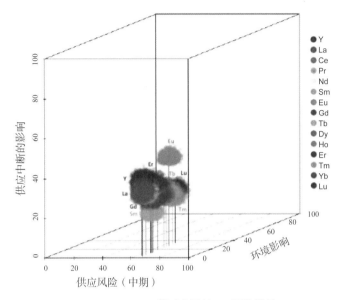

图 2-9-1　Graedel 等对中国的 3D 评估结果

第三章 危机矿产界定评估的指标体系

危机矿产的界定评估框架是基于由若干指标构成的指标体系的。Graedel 等（2015）认为，方法设计和数据来源的选择对危机矿产的界定评估非常重要。Erdmann 等（2011）回顾了危机矿产矩阵，认为危机矿产界定评估指标可以定量预测未来的供给和需求。Buijs 等（2012）认为，近期二维图像描述法开始被欧盟使用，该方法是危机矿产矩阵方法的一种延伸，常常用于评估供应风险和经济重要性，其优势在于用 x 轴和 y 轴可以在一个框架下测量两个核心指标。

在危机矿产评估步骤中，第一步是选择指标，作为界定评估原材料风险的起点。这些风险主要包括供应风险、脆弱性风险和生态风险。对于危机矿产的矿种，每个涉及风险的指标都具有关键性意义，需要慎重研究。第二步是通过使用加权平均的方法来计算供应风险、脆弱性风险和生态风险的最终评级，在这个过程中需要使用比较复杂的计算方法，尤其需要对没有给出具体信息的指标加以综合分析。第三步是对这些相应的指标数值采用集合线性、矩阵或二维等方法进行平衡协调，从而获得最终的相当于临界位置的数值。

由于当前世界各国、各地区界定评估指标体系的差异，导致界定评估结果相应地出现差异，引起学界的广泛重视。耶鲁大学曾经呼吁（Erdmann et al.，2011a）统一界定评估指标体系和计算方法，但至今未能实现。

本章分析国际上关于危机矿产界定评估指标体系中的部分指标，作为一种借鉴和参考。对于危机矿产界定评估的其他指标，将结合我国危机矿产界定评估方案，在下一章介绍。

第一节　生产集中度指标

生产集中度，是指某行业的相关市场内前若干家最大的企业所占市场份额的总和，是对整个行业的市场结构集中程度的测量指标，用来衡量企业的数目和相对规模的差异，是市场势力的重要量化指标。危机矿产界定评估一般会使用生产集中度这个指标。有的方案界定评估整个国家的产量占全球产量的比例，有的方案界定评估全球几大生产商产量占全球产量的比例。除了产量占比，也有方案选择储量占比。在大多数研究中，用国家产量或储量的占比来界定评估供应风险。为了测量生产集中度，大多数研究应用1～3个最大生产国或资源大国产量的总和，大多数采用 Herfindahl-Hirschman 指数（HHI）。也有研究方案中将世界年产量中至少50%的产量作为指标生产国数量（Moss et al.，2011）。这项指标属于供应风险类的指标。下面看看几个主要机构对这个指标的设置情况。

一、欧盟委员会的观点

欧盟委员会的方案计算生产集中度采用 HHI 指数，从国家产量的角度来加以计算，具体测算某几个国家的产量占比。HHI 指数全称为"赫芬达尔－赫希曼指数"，是一种测量生产集中度的综合指数，是矿业市场生产集中度测量指标中较为科学的指标，也是经济学界和政府管理部门使用较多的指标。

HHI 指数是指一个行业中各个市场竞争主体所占行业总收入或总资产百分比的平方和，用来计量市场份额的变化，即市场中厂商规模的集中程度。基本公式如下：

$$HHI(a) = \sum_{i=1}^{N}(a_i^2) \qquad (3\text{-}1\text{-}1)$$

式中：HHI 表示市场的生产集中度；N 表示生产的国家和公司个数；a_i 表示每年的产量份额。

通过上述公式的运算，可以得到相应的结果。HHI 指数最早于 20 世纪 90 年代开始运用（Bleymüller et al.，1996）。

二、经合组织的观点

经济合作与发展组织认为，生产集中度属于供应风险指标下的二级指标。从生产份额角度，供应风险指数用来计算每个矿种的生产/储量集中度；如果从国家层次考虑，可以采用 HHI 指数。

一般来说，经济可采储量的全球分布具有很强的不均衡性，因为经济可采储量是由资源禀赋决定的。矿产资源的这个性质决定了每个矿种的产出经常出现区域高度集中的特征，如美国地质调查局（2014）数据显示，全球 73% 的铂产量来自南非。

可以利用产储比（Production-to-Reserves ratio）指数来测量矿种静态生命期。一般来说，产储比越高，该矿种的风险越高；相反，产储比越低，该矿种风险越低。如果产储比在 0.2 以内，说明在当前生产条件下该矿种的储量至少可以使用 50 年。

三、BP 公司的观点

BP 公司认为，生产集中度属于供应风险指标下的二级指标。与储量 / 产量率（R/P，Reserves-to-Production ratio）的比例亦即"储产比"密切相关，一般来说，可以分为三种状况。一是生产集中度"高"：储产比（R/P）小于 20 年或者 R/P 小于 100 年但半寡头垄断生产[❶]；二是生产集中度"中"：R/P 在 20～80 年之间或者没有准确数据；三是生产集中度"低"：R/P 大于 80 年或者没有寡头垄断。

四、Harper 等的观点

Harper 等（2014）、Panousi 等（2014）、Graedel 等（2014）认为，生产集中度属于供应风险指标下的二级指标，可用以下公式表示：

$$GSC=17.5 \times \ln(HHI) - 61.18 \qquad (3-1-2)$$

式中：GSC 是生产集中度的结果。

五、Graedel 的观点

Graedel（2011）认为，可以用资源耗竭时间（Depletion time，DT）来表示生产集中度。2015 年，Graedel 采用这个方法进行了具体研究，其结果表明，DT 模型包括一次开采和二次回收的全部数量，能够反映生产集中度。

第二节　可替代性和回收利用率指标

一、欧盟委员会和经合组织的观点

欧盟委员会和经合组织认为，可替代性矿种的存在可以削减供应市场势力；同样，回收利用率的提高可以创造多个供应来源。一般来说，可替代性和回收利用率在很大程度上依靠 R&D 科研研发的力度。可替代性指标的运用，大多是基于专家的判断，因此，可替代性指标不可能在每个矿种都有明确的数量表达，所以还不是一个可靠的绝对值，目前只能作为一种参考。欧盟和经合组织定义回收利用率，视矿产资源为生命循环利用的数值，又称循环利用投入率（End-of-life Recycling Input Rate，ERIR）。其测量方法的结果表明，金属和金属产品的份额是全世界报废金属材料和其他含金属的低品位残渣的产量。欧盟和经合组织重视可替代性和回收利用率指标，是危机矿产研究的一个新的动向。

二、BP 公司的观点

BP 公司认为，可替代性和回收利用率应当列入危机矿产的界定评估指标体系，属于供应风险指标之下的二级指标。

BP 公司认为，可替代性可分为三种状况。一是可替代性"低"：该矿种没有可替代矿种，或者虽然有可替代矿种，但也被认为属于危机矿产。二是可替代性"中"：该矿种可以被替代，

---

❶ 所谓半寡头垄断生产，指的是一个国家或者一个公司产量占全球生产的50%以上；或者两个公司或两个国家的合计产量占每年全球产量的70%以上。

但替代之后使用的性能降低。三是可替代性"高"：该矿种可以被替代。

BP 公司认为，回收利用率亦可分为三种状况。一是回收利用率"低"：在大规模操作中，该矿种没有形成较高收益的回收利用技术。二是回收利用率"中"：小范围内该矿种具有较高效益的回收利用技术，但回收利用数量非常有限，而且数据不确定。三是回收利用率"高"：小范围内该矿种具有较高效益的回收利用技术，世界范围内回收利用率大于50%。

三、英国地质调查局的观点

因为可替代性和回收利用率的数据较难获取，英国地质调查局也采用半定量的方案，与BP 公司的方法比较相似。英国地质调查局将回收利用率和可替代性都作为危机矿产界定评估的一级指标，并没有将其归纳到供应风险指标之中。

英国地质调查局认为，可替代性分为"低"（<0.3）、"中"（0.3 ~ 0.7）、"高"（>0.7）三种情况。可替代性数据来自奥格斯堡大学 2011 年《对能源工业至关重要的材料》研究报告和欧盟（2010，2014）分析研究的 31 个矿种。

英国地质调查局认为，回收利用率分为"高"（≥ 30%）、"中"（≥ 10%，<30%）、"低"（≤ 10%）三种情况。数据来自联合国环境署（UNEP，2011）《金属回收率报告》中的 42 个矿种。

第三节 政策稳定性指标

政策最直接而有效果的影响方式是税费调整和进出口关税，会影响到矿产品价格，尤其是资源较为集中国家的矿产品价格。例如，印度尼西亚于 2009 年通过《煤炭与矿物法》，规定自 2014 年 1 月 12 日起禁止原矿出口。印度尼西亚镍矿储量为 11.55 亿吨，主要为高品位红土镍矿，约占世界总储量的 12%，居世界第 8 位。2013 年印度尼西亚镍矿产量全球占比高达 31%，而 2014 年仅为 7%。从出口数据来看，2013 年印度尼西亚镍矿出口量达 6480 万吨，其中出口到中国 4100 万吨，占比达 63%。印度尼西亚禁矿政策实施之后，镍矿出口量骤降至 420 万吨。从月度数据可以看出，2014 年 1 月政策实施后，印度尼西亚镍矿几乎没有出口的迹象，取而代之的是镍铁和冰镍出口大幅增加。2015 年印度尼西亚镍矿出口量甚至降为 0，而镍铁出口量却创出 18.2 万吨的新高。进口方面，2013 年中国企业对印度尼西亚镍矿的依存度已达到 57%，这一状况直到 2014 年初禁矿后戛然而止。2017 年 1 月 12 日，印度尼西亚宣布了出乎市场预料的决定：部分取消镍矿和铝土矿的出口禁令，导致全球矿业产品价格波动。由此可见，印度尼西亚政府政策朝令夕改，对镍矿资源供需格局产生了较大影响。

一、政府治理指数

世界银行（2014）认为，政府治理指数（WGI）数据是由专家评估而来的，主要目的是描述矿种生产和出口面临的风险，包括三方面的二级指标：一是政府效率；二是法律法规；三是政治稳定性。国际上有两个权威机构发布政治稳定性指数：第一个是政府风险服务小组（the Political Risk Services Group, PRS）发布的各国政治稳定性指数，也是由专家评估产生的，主要考虑全球市场矿产资源的流动性。第二个是开放市场指数（the Open Markets Index, OMI），是一个发布矿产资源生产和出口面临的风险程度的指数。WGI 指标包括贸易开放度、贸易政策、贸易所需基础设施情况等。

二、政策潜力指数

政策潜力指数（PPI）是由加拿大弗雷泽研究院（Fraser Institute）发布的。政策潜力指数旨在评估公共政策对于潜在勘查投资的效益，对全球 93 个国家和地区的矿业投资吸引力进行标准化打分（满分为 100），其权重是每个年度的矿山产量。政策潜力指数是衡量一个独立行政管辖区政府矿业政策有效性与投资吸引力的综合指数，它包括现有规章的行政管理、解释和执行的不确定性，环境管理，管理的重复性与不一致性，税收，有关土著土地要求权和保护区政策的不确定性，基础设施，社会经济协议，政治稳定性，劳工问题，地质资料和人员安全等。

三、人类发展指数

人类发展指数（Human Development Index,

HDI）由联合国发展计划署（UNDP）在《1990 年人文发展报告》中发布，是用以衡量联合国各成员国经济社会发展水平的指标，主要对相关国家三方面的发展情况进行测量：一是预期寿命；二是教育水平；三是生活质量。对于这三项基础变量，按照一定的计算方法予以测定，得出综合指标。1990 年以来，HDI 指数已在指导发展中国家制定相应发展战略方面发挥了极其重要的作用。之后，联合国发展计划署每年都发布世界各国的人类发展指数。Graedel 等（2015）在危机矿产研究中采用了这个指标。

四、价格波动指标

有专家认为，生产集中度高的国家对市场价格具有操控力，所以通过生产集中度指标概括了价格波动指标。但是，价格变化其实非常复杂，如果要说生产集中度对价格的影响，应该主要是行业集中度的影响，指的是大型垄断企业的市场行为。例如，对于钨产品来说，在 2003—2010 年期间，价格上涨约 350%；对于镝的产品来说，在同一时间内价格上涨了 5700%。由此可见，价格波动指标也是政策稳定性指标的体现。

第四节　环境风险指标

一、BP 公司的观点

BP 公司认为，环境风险指标属于供应风险指标之下的二级指标。在 BP 公司方案中，环境风险可分为三种状况。一是环境风险"高"：该矿种含有有毒元素，或者在生产过程中有矿石含有低品位毒性，或者具有放射性元素，或者生物环境的风险不可逆转。二是环境风险"中"：该

矿种具备低含量的有毒元素，或者无法确定有毒元素含量，或者在生产过程中需要投放有毒元素来帮助生产。三是环境风险"低"：该矿种有毒元素含量为零。

二、环境绩效指数

环境绩效指数（Environmental Performance Index, EPI）是由耶鲁大学环境法律与政策中

心、哥伦比亚大学国际地球科学信息网络中心 (CIEsIN) 联合实施，在 2002—2005 年连续 4 年编制的"环境可持续指数"基础上发展而来的，目前已经推出了 2006 EPI、2008 EPI 和 2010 EPI。2006 EPI 提出了六大政策类别中的 16 项指标，2008 EPI 将指标扩展到 25 个，2010 EPI 则是建立在十大政策分类的 25 项指标的基础上。EPI 建立

的指标体系关注于环境可持续性和每个国家的当前环境表现，通过一系列的政策制定和专家认定的表现核心污染及自然资源管理挑战的指标来收集数据，虽然对于环境指数的合理范畴没有精确的答案，但其选择的指标形成一套能反映当前社会环境挑战的焦点问题的综合性指标体系。欧盟曾采用该指数来评价危机矿产的环境问题。

第五节　共伴生矿情况指标

共生矿是指在同一矿区（矿床）内存在两种或多种符合工业指标，并且具有小型以上规模（含小型）的矿产。伴生矿产是在矿床（或矿体）中与主矿、共生矿一起产出，在技术和经济上不具单独开采价值，但在开采和加工主要矿产时能同时合理地开采、提取和利用的矿石、矿物或元素。Graedel 等（2015）认为，共伴生矿情况是危机矿产界定评估体系的重要指标，值得关注。共伴生金属成分（CF）为矿产资源开采中共伴生矿产所占的比例。

BP 公司认为，共伴生矿情况属于供应风险指标下的二级指标。共伴生矿情况可分为三种状

况。一是共伴生矿情况"高"：该矿种没有单独存在的矿山而只有共伴生矿。二是共伴生矿情况"中"：该矿种主要来自共伴生，提取时需要复杂的技术，而且没有确定的数据。三是共伴生矿情况"低"：该矿种是矿山生产的主要矿种，而且开发利用技术成熟并已广泛使用。

根据共伴生矿的数据获取情况，英国地质调查局也采用半定量的方式，与 BP 公司有相似性。英国地质调查局把共伴生情况都作为一级指标，没有归纳到供应风险指标里。英国地质调查局认为，共伴生分为"低"（< 33.3%）、"中"（⩾ 33.3，⩽ 66.6%）、"高"（>66.6%）三种情况。

第六节　现有部分指标设置的主要问题

一、矿产品生产链过程中指标的选择

危机矿产界定评估候选名单中的许多原材料，在生产链的各个阶段被广泛使用。例如，钴作为氢氧化物、粗氧化物、硫酸盐、锂离子和铑的中间产物使用，也作为精制化学中的氯化物、

氧化物、氢氧化物、盐、阴极、团块的金属产物使用，还作为矿石和锭、颗粒和粉末等浓缩物形式加以使用。以欧盟委员会的研究为例，其始终如一地分析矿山生产过程中的供应风险，从而避免在供应链上进一步考虑供应风险。然而，不同的钴产品可能具有不同的供应风险。一种可能是

产品供应紧缺，出现只有少数生产商可以使用钴金属的情况；而另一种可能是产品供应过剩，并在多个地区生产。因此，分析某一矿产品在供应链不同阶段的供应风险，可能出现不同的结果。所以，危机矿产界定评估需要考虑指标设置的时间段取舍问题。

二、环境风险评估指标的选择

环境绩效指数（EPI）涉及两个广泛的政策领域：一是保护人类健康免受损害；二是保护生态系统免受损害。在环境问题上表现出高优先的绩效。最初，EPI 是欧盟委员会关于供应风险评估指标中的一个组成部分，但后来被定义重要原材料的欧盟委员会特设工作组删除了。当时认为，EPI 的几个参数与矿产危机性研究没有太大的相关性，因此得出结论，如果把 EPI 纳入其中，可能会扭曲"供应风险"分析的结果。取消这一指标，则意味着"供应风险"中没有考虑到环境标准较差的国家造成大量事故导致供应中断的可能性。如果删除 EPI，还显示出定义重要原材料特设工作组决策的主观性。在当时情况下删除这个指标，是特设工作组主观地认为它没有反映某些国家采矿部门的实际情况。

三、关于生产集中度的分析

供应风险的内涵，包括主要界定评估来自治理不善国家的生产集中度。列入这一指标，是为了评估政治或社会动荡导致供应中断的风险，或由于特定国家的经济冲击而导致供应中断的风险。有理由认为，类似的风险适用于少量企业掌握高比例物质生产的状况。尽管在某些危机矿产界定评估候选名单中，原材料生产占比很高的公司来自少数企业，但是目前大多数方法没有考虑到企业生产的集中程度。例如，巴西的 CBMM 公司是迄今为止最大的铌生产企业，产量占到全球铌矿生产的 80% 以上。对 CBMM 的负面冲击，可能对铌供应产生深远影响。因此，生产集中度不仅应当考虑特定国家的政治、社会、经济状态导致供应中断的风险，还应考虑特定企业的供应集中度。

四、关于共伴生产品的作用

目前的候选目录很多涉及共伴生矿，在实际开发过程中有许多危机矿产是作为基本金属副产物生产的。因此，重要的是考虑与这些原材料的生产相关的风险。例如，镓作为氧化铝（铝土矿）和锌的副产物生产，因为其生产严重依赖于氧化铝（铝土矿）和锌的持续可用性及需求，所以在考虑镓的危机性时，应考虑氧化铝（铝土矿）和锌的副产物这些原材料的危机性。

第七节　欧盟与经合组织备选矿种的比较

欧盟委员会将备选矿种从 2010 年的 41 种扩展到 2014 年的 54 种，认为这 54 个矿种对于欧盟是非常重要、非常关键的危机矿产。可将其与经合组织的备选矿种相比较（表 3-7-1）。

美国国家研究委员会（2008）和欧盟委员会（2011，2014）进行危机矿产关键性矿种研究时，十分重视对铂族金属和稀土元素组的界定。根据当前数据，如果将铂族金属和稀土元素组里的每

表 3-7-1 经济合作与发展组织（OECD）与欧盟委员会（EU）备选矿种名录对比

序号	矿种中文名	矿种英文名		
		OECD（51种，2015）	EU（54种，2014）	EU（43种，2011）
1	铝	aluminium	aluminium	aluminium
2	锑	antimony	antimony	antimony
3	重晶石	barytes	barytes	barytes
4	铝土矿	bauxite	bauxite	bauxite
5	膨润土	bentonite	bentonite	bentonite
6	铍	beryllium	beryllium	beryllium
7	硼酸盐	borate	borate	borate
8	铬	chromium	chromium	chromium
9	黏土	clays	clays	clays
10	钴	cobalt	cobalt	cobalt
11	炼焦煤	coking coal	coking coal	—
12	铜	copper	copper	copper
13	硅藻土	diatomite	diatomite	diatomite
14	长石	feldspar	feldspar	feldspar
15	萤石	fluorspar	fluorspar	fluorspar
16	镓	gallium	gallium	gallium
17	锗	germanium	germanium	germanium
18	金	gold	gold	—
19	石膏	gypsum	gypsum	gypsum
20	铪	hafnium	hafnium	—
21	铟	indium	indium	indium
22	铁矿石	iron ore	iron ore	iron ore
23	石灰石	limestone	limestone	limestone
24	锂	lithium	lithium	lithium
25	菱镁矿	magnesite	magnesite	magnesite
26	镁	magnesium	magnesium	magnesium
27	锰	manganese	manganese	manganese

续表

序号	矿种中文名	矿种英文名		
		OECD（51 种，2015）	EU（54 种，2014）	EU（43 种，2011）
28	钼	molybdenum	molybdenum	molybdenum
29	天然石墨	natural graphite	natural graphite	natural graphite
30	天然橡胶	—	natural rubber	—
31	镍	nickel	nickel	nickel
32	铌	niobium	niobium	niobium
33	珍珠岩	perlite	perlite	perlite
34	铂族金属	PGMs	PGMs	PGMs
35	磷矿、磷盐岩	phosphate rock	phosphate rock	—
36	钾肥	potash	potash	—
37	纸浆原材	—	pulpwood	—
38	重稀土	REE (heavy)	REE (heavy)	REE (heavy)
39	轻稀土	REE (light)	REE (light)	REE (light)
40	铼	rhenium	rhenium	rhenium
41	钪	scandium	scandium	scandium
42	硒	selenium	selenium	selenium
43	石英砂	silica sand	silica sand	silica sand
44	金属硅	silicon metal	silicon metal	—
45	银	silver	silver	silver
46	锯木	—	sawn softwood	—
47	滑石	talc	talc	talc
48	钽	tantalum	tantalum	tantalum
49	碲	tellurium	tellurium	tellurium
50	锡	tin	tin	—
51	钛	titanium	titanium	titanium
52	钨	tungsten	tungsten	tungsten
53	钒	vanadium	vanadium	vanadium
54	锌	zinc	zinc	zinc

个元素都进行分析是非常困难的（表 3-7-2）。

铂族金属和稀土元素组均被评估界定为危机矿产。铂族金属为周期表第Ⅷ族元素，又称稀贵金属，包括铂、钯、锇、铱、钌、铑 6 种金属。铂族金属既具有相似的物理化学性质，又有各自的特性。它们的共同特性是：除了锇和钌为钢灰色外，其余均为银白色；熔点高，强度大，电热性稳定，抗电火花蚀耗性高，抗腐蚀性优良，高温抗氧化性能强，催化活性良好。它们各自的特性又决定了不同的用途。重稀土元素（Heavy Rare Earth Element, HREE）包括钆、铽、镝、铒、钇、钬、铥、镱、镥等，具有较高的原子序数和较大质量。尽管钇的原子量仅为 89，但由于其离子半径在其他重稀土元素的离子半径链环之中，其化学性质更接近重稀土元素，在自然界也与其他重稀土元素共生，故被归为重稀土组。因此，重稀土元素也称为钇族（yttrium group）稀土。轻稀土元素（Light Rare Earth Element, LREE）包括镧、铈、镨、钕、钐、铕等元素，或称铈族（cerium group）稀土，它们具有较低的原子序数和较小质量。

表 3-7-2　铂族金属和稀土元素组

项目	亚族	元素
铂族金属	铂族金属	铱（iridium）
		锇（osmium）
		钯（palladium）
		铂（platinum）
		铑（rhodium）
		钌（ruthenium）
稀土元素组	重稀土元素组	钆（gadolinium）
		铽（terbium）
		镝（dysprosium）
		铒（erbium）
		钇（yttrium）
		钬（holmium）
		铥（thulium）
		镱（ytterbium）
		镥（lutetium）
	轻稀土元素组	镧（lanthanum）
		铈（cerium）
		镨（praseodymium）
		钕（neodymium）
		钐（samarium）
		铕（europium）
	钪（scandium）	钪（scandium）

第八节　未来需求端分析

一、总体趋势：未来需要越来越多的危机矿产

2017 年 11 月 2 日，世界银行集团成员国际金融公司（IFC）发布《气候变化带来新机遇——IFC 气候投资机会》研究报告。报告认为，从现在起到 2025 年，绿色建筑投资将达 3 万亿美元，交通设施投资也将达数万亿美元。有 7 个行业能够在拉动私营投资方面发挥重要作用，即可再生能源、离网太阳能和能源存储、农业企业、绿色建筑、城市交通、水务、城市垃圾管理。

低碳技术是生态友好技术的基石。低碳技术不仅不会减少金属的供给，而且会增加全球金属的需求。与传统化石燃料方法相比，低碳能源和存储技术如 LED、风能、太阳能、电池、CCS 和核能的发展，需要用更为金属密集的方式提供能源服务。这一趋势符合联合国《可持续发展框架》精神，对钢铁、铝、砖和水泥生

产需求的增加，可以满足居住和工作场所建设的需要。该研究报告指出，至关重要的是，关键技术已经取得足够的成本效益，2008 年到 2016 年，LED 成本减少 90%～94%，太阳能光伏成本减少 54%～80%，电网级电池成本减少 70%，陆上风机成本减少 30%～40%。

如果全球走上低碳 / 零碳发展模式是确定的方向，不可再生资源的开发利用将受到低碳的约束，需要降低不可再生资源的开发使用。据世界银行与国际采矿及金属协会（ICMM）对未来的金属需求预测，在满足 2℃、4℃ 和 6℃ 全球升温目标 3 种情景下对可再生能源技术的影响如下：全球升温 4℃，可再生能源发电在能源结构中的比例将从当前的 14% 升至 18%；全球升温 2℃，这个比例则高达 44%。据测算，可再生能源发电主要来自电池储能设备、太阳能发电和风能发电。世界银行（2017）预计，低碳技术的发展将导致许多金属的需求成倍增加。电池所需金属的需求量将增加 12 倍。风能和太阳能技术的发展，导致金属需求增加 150%（表 3-8-1）。

表 3-8-1　2050 年阻止全球变暖情景假设下不同低碳技术对金属需求增长的比例

2050 年，阻止全球变暖情景	气温上升 2℃ 的情景	气温上升 4℃ 的情景
电池储能设备	超过 1200%	超过 100%
太阳能技术	超过 300%	超过 150%
风能技术	超过 250%	超过 150%

数据来源：世界银行（2017）

研究表明，全球升温 4℃ 和 2℃ 情景之间，低碳技术需求引发的相关金属需求变化是不同的。例如，电动汽车动力电池的相关金属包括铝、钴、铁、铅、锂、锰和镍，其需求增长在全球升温 4℃ 情景中相对较低，而在全球升温 2℃

情景中，其需求增长幅度将超过 10 倍。至 2050 年，相关矿物具体累计需求为：铝超过 8000 万吨；铬近 400 万吨；钴约 9 万吨；铜约 2000 万吨；铟约 2.5 万吨；锂约 2000 万吨；钕超过 12 万吨。

2014 年，澳大利亚国立大学预测，如果澳大利亚 2050 年实现碳的零排放，铁矿石需求量将增加 138%，其他有色金属矿石需求量将增加 150%，锂矿和铀矿等澳大利亚优势矿产需求量将增加 329%。

二、太阳能光伏、风力发电机、电动汽车对危机矿产的需求

（一）太阳能光伏

未来对太阳能光伏（PV）面板和相关设备的需求会越来越大。国际能源署数据显示，2014 年全球太阳能发电能力为 176 吉瓦，预计 2020 年太阳能发电能力约为 2014 年的 2 倍，2030 年约为 2014 年的 10 倍，2050 年约为 2014 年的 27 倍。

太阳能光伏面板和相关设备的生产需要广泛的矿产资源，如镉、铜、镓、铟、钼、硒、二氧化硅、碲、砷、硼矿物、铝土矿等（表 3-8-2）。

表 3-8-2　太阳能光伏面板生产所需的主要金属

矿种	晶体硅	铜、铟、镓、硒	碲化镉	非晶硅
铝	使用			
铜		使用	使用	
铟		使用		
铁矿石	使用			
铅	使用			
镍	使用			
银	使用			
锌			使用	使用

资料来源：世界银行（2017）

（二）风力发电机

2016 年，全球风能理事会（GWEC）数据显示，2015 年全球累计风电容量约为 43.2 万兆瓦。预计 2020 年是 2015 年的 2 倍，2030 年是 2015 年的 5 倍，2050 年是 2015 年的 13 倍。

制造一台功率为 2.0 兆瓦的风力涡轮机，需要 296 吨不锈钢。根据目前风力发电机容量和全球风力发电量增长预期，到 2020 年，需要新建 30 万台 2.0 兆瓦风力涡轮机，相应至少需要 2520 万吨石灰石、4536 万吨焦煤、1.512 亿吨铁矿石（表 3-8-3，表 3-8-4）。

表 3-8-3 涡轮风机和直驱风机所需的金属

金属矿产	涡轮风机	直驱风机
铝	使用	使用
铬	使用	使用
铜	使用	使用
铁矿石	使用	
铅		使用
锰	使用	
钕		使用
镍	使用	
钢	使用	使用
锌	使用	使用

资料来源：世界银行（2017）

表 3-8-4 2.0 兆瓦风力涡轮机和 1.8 兆瓦无齿轮风力涡轮机的金属需求量

金属	2.0 兆瓦风力涡轮机	1.8 兆瓦无齿轮风力涡轮机
不锈钢	296.40 吨	178.40 吨
生铁	39.35 吨	44.10 吨
铜	2.40 吨	9.90 吨
钢筋混凝土	1164.00 吨	360.00 吨

资料来源：世界银行（2017）

（三）电动汽车

初步统计，2015 年全球共有电动汽车 130 万辆（IEA，2016d）。电动汽车市场上，特斯拉模型 3 发布之后的几天内，收到超过 50 万份在线订单，表明电动汽车将成为世界畅销汽车。现在，大多数主要汽车公司都在生产电动汽车。挪威电动汽车销量已经占新车销售总数的 17%、汽车市场的 23%（IEA，2016d）。挪威政府规定，2025 年后只有电动汽车能在挪威销售。2017 年，印度政府宣布，2032 年 100% 实现电动车辆的转型。国际能源署预测，2030 年，全球至少需要 1.2 亿辆电动汽车，才能实现巴黎协议运输部门的减排目标。而电动汽车行业锂电池使用量每增加 1%，全球锂需求量将增加 50%（表 3-8-5）。

表 3-8-5 铅蓄电池和锂离子电池所需金属

金属	电池	
	铅蓄电池	锂离子电池
铝		使用
钴		使用
铅	使用	
锂		使用
锰		使用
镍		使用
钢	使用	使用

资料来源：世界银行（2017）

不同类型的汽车，铜需求量也是不同的，燃料汽车需要 20 千克铜，混合动力车需要 40 千克铜，电动汽车需要 80 千克铜（图 3-8-1）。

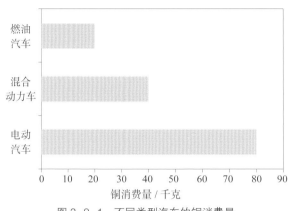

图 3-8-1 不同类型汽车的铜消费量
数据来源：Visual Capitalist, BMI

三、科技进步趋势：解决危机矿产开发利用的技术问题

（一）电缆和高效率电动机

长期以来，铜和铝一直被用作电线和电动机的导体。未来随着分布式能源发电和能源接入的部署，可能会需要更多的电缆。然而，电缆需求增长幅度和市场中铜/铝电缆的市场份额尚不清楚。多项研究表明，具有铜转子和定子的电动机更高效，未来高效率电动机的需求增加，相应的铜需求也会增加，但目前缺少对这一趋势的定量预测。

（二）低重量车辆

可以确定，低重量车辆的燃油使用效率更高。而制造低重量车辆可能涉及改变其合金混合物，用铝替代钢，用碳纤维替代一般金属，这些替代可能会显著影响金属需求，但目前缺少对这一趋势的定量预测。

（三）节能技术和建筑

在很大程度上，任何低碳转型都依赖于节能措施的实现，包括新技术的应用，但目前这些技术中所需要的相关金属的数据很少，甚至还没有。

（四）能源传输和分配

未来能源传输和分配系统可能与当前有着很大的不同，特别是在分布式可再生能源部署明显增加的情况下。而目前还缺少对这种电网中的单位金属消耗量的研究，也缺乏有关这种电网未来投资的研究。

（五）传统化石燃料发电厂和核设施的单位金属消耗量

许多文献主要关注可再生能源技术的单位金属消耗量，但是必须建立一个可靠的基准线，以充分了解传统化石燃料发电厂和核设施转向低碳经济的影响。而目前缺乏有关化石燃料发电技术的单位金属消耗量的研究。

（六）金属和金属族的供应

实际上，多种关键金属是作为矿石的副产品而存在的，如铟、锗等稀有金属依赖于锌的生产。因此，必须明确短期内对相关矿产副产品的需求，以及如何推动基本金属的需求。但目前缺少对这一趋势的定量预测。

（七）稀土矿石的回收能力

以关键稀土金属为副产品的相关矿石的回收能力及其分布，是一项趋势性研究。目前，这项工作在非洲已经开展，但缺少发展中国家富含稀土元素的关键区域的矿产测绘研究。

（八）金属回收率

废弃物的金属回收可以改善这些金属未来

的可用性，但是有关这些金属回收率的数据十分缺乏。为了进一步分析能源行业中金属供应的危机程度，需要当前和未来的金属循环率数据。

四、欧盟委员会细分 18 个最终消费行业

欧盟委员会（2014）将国民经济行业细分为 18 个最终消费行业，包括建筑材料，金属，机械设备，电子信息和通信技术，电力设备和家用电器，陆路客运，飞机、船舶和火车，其他最终用户的产品，食品，饮料，纸，木材，医药产品，化学品，橡胶、塑料及玻璃，精炼，石油及天然气的开采，金属矿的开采（表3-8-6）。

表3-8-6　欧盟委员会划分的最终消费行业

序号	最终消费行业	注释（NACE Rev. 2）	国民经济行业分类(GB/T 4754-2011)
1	建筑材料	1.1 其他非金属矿制品的制造中除去玻璃和玻璃制品的制造 1.2 结构性金属制品的制造（隶属于金属制品的制造，但机械设备除外） 1.3 采取冷拉或拉伸方法制作的钢丝的制造 1.4 木材元件安装	
2	金属	2.1 基本钢铁的制造（基本金属的制造） 2.2 金属的铸造（基本金属的制造） 2.3 蒸汽锅炉的制造，但中央供热锅炉除外（隶属于金属制品的制造，但机械设备除外） 2.4 其他金属制品的制造；为金属加工提供的服务活动（隶属于金属制品的制造，但机械设备除外） 2.5 材料回收（废物的收集、处理和处置活动；材料回收） 2.6 基本贵金属、铜、铝、铅、锌、锡及其他金属的生产（基本贵重有色金属的制造） 2.7 油罐、水箱和金属容器的制造（隶属于金属制品的制造，但机械设备除外） 2.8 金属制品的修理（机械和设备的修理及安装）	
3	机械设备	3.1 通用机械的制造（未另分类的机械和设备的制造） 3.2 其他专用机械的制造 3.3 农业和林业机械的制造 3.4 烘炉、熔炉及熔炉燃烧室的制造 3.5 起重及装卸设备的制造 3.6 电动手工工具的生产 3.7 其他通用机械的制造 3.8 金属成型机械和机械的制造 3.9 机械的修理（机械和设备的修理及安装） 3.10 家用用品、家庭和园艺设备的修理（电脑及个人和家庭用品的修理）	
4	电子信息和通信技术	4.1 计算机、电子产品和光学产品的制造，除去磁性媒介物和光学媒介物的制造 4.2 医疗和牙科工具及用品的制造 4.3 工业机械和设备的安装 4.4 办公机械和设备的制造（计算机及外部产品除外） 4.5 电子及光学设备的修理 4.6 通信设备的修理	I 信息传输、软件和信息技术服务业

续表

序号	最终消费行业	注释（NACE Rev. 2）	国民经济行业分类 (GB/T 4754-2011)
5	电力设备和家用电器	5.1 电力设备的制造 5.2 电力设备的修理	
6	陆路客运	6.1 汽车、挂车和半挂车的制造 6.2 未另分类的运输设备的制造 (其他运输设备的制造) 6.3 运输设备的修理，机动车除外	G 交通运输、仓储和 邮政业
7	飞机、船舶和火车	7.1 船舶的建造 7.2 铁道机车及其拖曳车辆的制造 7.3 飞机、航天器和相关机械的制造 7.4 运输设备的修理，机动车除外（此处和 6.3 有重复）	G 交通运输、仓储和 邮政业 54 道路运输业
8	其他最终用户的产品	8.1 家具的制造 8.2 珠宝、小件装饰物及有关物品的制造 8.3 乐器的制造 8.4 体育用品的制造 8.5 游艺用品及玩具的制造 8.6 刀具、手工工具和普通金属器具的制造 8.7 电子消费品的制造 8.8 家具和家庭摆设的修理 8.9 其他个人和家庭用品的修理	
9	食品	9.1 食品的制造	
10	饮料	10.1 饮料的制造	
11	纸	11.1 纸和纸制品的制造，除瓦楞纸和瓦楞纸板及纸和纸板容器的制造	
12	木材	12.1 木材、木材制品及软木制品的制造 (家具除外)、草编制品及编织材料物品的制造	
13	医药产品	基本医药产品和医药制剂的制造（药品、药用化学品及植物药材的制造）	
14	化学品	化学品及化学制品的制造	
15	橡胶、塑料及玻璃	15.1 橡胶和塑料制品的制造 15.2 玻璃和玻璃制品的制造	
16	精炼	16.1 焦炭和精炼石油产品的制造 16.2 有害废物的收集 16.3 有害废物的处理和处置	
17	石油及天然气的开采	石油及天然气的开采	
18	金属矿的开采（包括铁矿、有色金属矿）	金属矿的开采（包括铁矿、有色金属矿）	

第四章　中国危机矿产界定评估的初步方案

本研究认为，在中国开展危机矿产研究，进行危机矿产界定评估，是一项十分重要的工作。根据第一章关于危机矿产的定义，在前三章研究的基础上，借鉴国际上危机矿产界定评估的理论和方法，本章分析在中国开展危机矿产界定评估的意义、目的与原则，提出中国危机矿产界定评估的总体框架、主要指标和数据来源，并进行相关的问卷调查，形成中国危机矿产界定评估的初步方案，得出中国危机矿产界定评估的初选矿种目录，并与国外危机矿产相关研究报告和中国战略矿产目录进行对比，对本研究结果予以初步分析。

第一节 意义、目的与原则

一、意义

在中国经济发展进入新常态、生态文明建设提出新要求、矿产资源开发面临新情况、矿业行业改革需要新动力的新时期、新阶段，从不同维度和侧面，更加深刻地阐述矿产资源的地位、作用和保有程度，促进矿产资源的合理开发、有效利用和科学保护，具有重大的理论意义和积极的现实意义。中国危机矿产的界定评估应当从四方面予以认识：一是从矿种的重要性和可获取性来看，所有的矿产资源及每一个矿种都应当具有不同程度的危机性特征，而危机矿产是现代化经济体系建设急需的矿产资源，是生态文明建设必需的矿产资源，是新能源和新兴战略产业发展特需的矿产资源。二是从中国的国情来看，危机矿产是在使用上不可或缺的矿产资源，在经济上具有一定贡献度的矿产资源，在供应上存在一定风险，由于资源、经济、环境、技术原因而导致供应上存在一定障碍的矿产资源。三是从发展的角度来看，随着生产技术水平的提升、新的矿种的出现及替代技术的成熟，一些危机矿产的危机程度或许会被改变。四是从时间段来看，对危机矿产的界定评估要考虑短期、中期和长期3个时间段。

二、目的

对中国的危机矿产进行界定评估，可以初步实现4个目的：一是在借鉴他人经验的基础上，探索符合中国实际的危机矿产界定评估方法；二是在从事理论研究的同时，从备选矿种入手，对中国当前的危机矿产进行界定评估，形成具体目录；三是通过界定评估，提出中国危机矿产初选矿种目录，为深化矿政改革、优化矿政管理提供决策参考；四是在服务矿政管理工作的同时，为基层服务、为一线服务，为矿业公司尤其是勘查公司提供生产经营指南。

三、原则

（一）组织性原则

危机矿产是全球矿产资源政策研究的热点。一般来说，国际上关于危机矿产的研究大多由政府机构牵头，由专业学术团队支撑。例如，美国国家科学研究委员会2008年的报告和目录来自哈佛Graedel研究团队，该团队近年来发表了大量学术论文，对研究方法的完善、环境因素3D模型的构建及统一研究方法的推广做了大量工作。因此，在中国开展危机矿产研究，必须由国土资源部门组织领导，加大人力、物力、财力投入，积极有序地开展研究工作，使之成为提供更多优质生态产品，以满足人民日益增长的优美生态环境需要的矿政管理工作的重要内容。

（二）科学性原则

危机矿产研究要根据国家或地区的实际情况，采用规范和可测度的方法与模型，研究国民经济和社会发展态势、矿产资源供给需求和进出口贸易等基本情况，兼顾全球情况和其他国家或地区数据，在分析当前数据的同时借鉴历史数据，通过危机矿产研究而积极探索在矿产资源开发利用上少走弯路、不走弯路的自然规律。

（三）有效性原则

危机矿产研究是一项以实践运用为主的科学研究。危机矿产研究成果必须紧密结合矿产资源开发利用的实际。在中国开展危机矿产研究，不仅考虑其具有的重大理论意义，而且更应考虑其具有的重大现实意义。特别要结合贯彻落实党的十九大精神，把危机矿产研究作为尊重自然、顺应自然、保护自然的具体行动，作为推进绿色发展、着力解决突出环境问题、加大生态系统保护力度的具体行动。

（四）政策性原则

从美国、欧盟的做法中可以得到启发，危机矿产研究的一个重要成果是促进危机矿产产业政策的制定和完善。在中国开展危机矿产研究，同样需要以矿产资源的危机性、重要性、战略性和稀缺性研究为重点，客观、全面、科学地评估中国危机矿产的种类和目录，在此基础上，制定和完善相应的危机矿产产业政策，推动中国危机矿产产业的可持续发展，为坚持节约优先、保护优先、自然恢复为主的方针，形成节约资源和保护环境的空间格局、产业结构、生产方式、生活方式，还自然以宁静、和谐、美丽作出应有的贡献。

第二节　总体框架

本研究参照美国国家科学技术委员会与美国白宫科学技术政策局（2016）、英国地质调查局（2015）的方法，界定评估中国矿产资源的危机性。在中国危机矿产界定评估体系的总体框架中，有一级指标1个、二级指标4个、三级指标9个。其中，只有"危机性"1个一级指标。将"供应风险""生态友好型技术指标（亦称高技术指标）""市场应对力""产值比"作为二级指标。二级指标中"供应风险"包括"储产比"和"产量集中度"2个三级指标；"生态友好型技术指标"包括"共伴生情况""可替代性""回收利用率"3个三级指标；"市场应对力"包括"产量变化率""价格变化率""进口来源集中度"3个三级指标；"产值比"包括"产值比"1个三级指标（表4-2-1）。

表4-2-1　中国危机矿产界定评估总体框架

一级指标	二级指标	三级指标	高（3）	中（2）	低（1）
危机性	供应风险	储产比	<20年	20～80年或者没有数据	>80年
		产量集中度	其他国家产量占全球产量比例 >66%	其他国家产量占全球产量比例在33%～66%之间	其他国家产量占全球产量比例 <33%
	生态友好型技术指标	共伴生情况	该矿为伴生矿，或者共伴生含量占比≥66.6%	该矿为主矿，但需要复杂的提取工艺；或者为共生矿；或者共伴生含量占比在33.3%～66.6%之间；或者没有数据	该矿在技术上为主矿；或者共伴生含量占比<33.3%

续表

一级指标	二级指标	三级指标	高（3）	中（2）	低（1）
危机性	生态友好型技术指标	可替代性	作为原材料没有可替代性；或者可替代占比<0.3	有可替代产品但是会降低其性能；或者可替代占比在0.3～0.7之间；或者没有数据	可替代，或者可替代性占比>0.7
		回收利用率	没有回收利用技术；或者回收利用率≤10%	有限制条件下的回收利用；或者回收利用率在10%～30%之间；或者没有数据	有回收利用技术或者回收利用率≥30%
	市场应对力	产量变化率	>0.66	0.33～0.66	<0.33
		价格变化率	>0.66	0.33～0.66	<0.33
		进口来源集中度（前3个国家）	>66.6%	33.3%～66.6%	<33.3%；或者净出口
	产值比	产值比	排名前1/3	排名中间1/3	排名后1/3

第三节 主要指标

一、危机性

危机性是危机矿产最根本的属性。矿产资源危机性包括危险程度、爆发态势、传播状况、影响时间等要素，必须衍化为定性或定量指标，危机性是界定评估总体框架中唯一的一级指标。具有危机性的矿种，是在全部矿产资源中表现出重要性、关键性、战略性和稀缺性特征的矿种。本研究认为，矿产资源的危机性指标由4个二级指标、9个三级指标构成。界定评估整体框架借鉴美国国家科学技术委员会与美国白宫科学技术政策局的方法，考虑了供应风险、产量变化率和市场应对力；为了凸显经济重要性，采纳英国地质调查局对经济重要性的定量分析；按照美国国家

科学技术委员会与美国白宫科学技术政策局的思路，收集了5年的数据，并且根据其思路进行归一化；但美国国家科学技术委员会与美国白宫科学技术政策局的有些具体指标与中国情况不符，因此进行了删减或增加，加入了BP公司、英国地质调查局、Graedel的一些半定量评估方法和标准。

危机矿产界定评估模型主要由4个二级指标组成。由供应风险（SR）、产量变化率（G）、市场应对力（M）构成危机性关键值（C），再用产值比加以调整，就可以得出危机性的总分。

二、供应风险

供应风险是指在一定条件下和特定时期

内，矿产资源供应预期结果和实际结果之间的差异程度。供应风险的来源有 4 个（澳大利亚，2013）：一是该矿种的稀缺性；二是该矿种供应的多样性和稳定性；三是该矿种开采过程中的形式，是否只是其他矿种的共伴生矿；四是该矿种生产的集中度，是否集中在几个国家或者几个公司手中。

美国国家科学研究委员会认为，从短期和中期看，有些危机矿种明显受到供应限制：一是需求明显增加；二是市场很小；三是生产高度集中；四是开采只是伴生矿的形式；五是缺乏回收利用的技术。从长期看，获取某一矿种及其产品需要重点考虑投资，以及影响投资的环境和资源禀赋的情况。长期获取某一矿种及其产品也要求对该矿种的研究进行投资。同时，美国国家科学研究委员会认为，进口依存度不是一个有用的供应风险评价指标。

（一）美国国家科学技术委员会的观点

美国国家科学技术委员会认为，供应风险是生产份额与政府治理指数（WGI）的合成。可用以下公式表示：

$$SR^r_{m,t} = \sum S^2_{m,t,i} \Gamma_{t,i} \qquad (4\text{-}3\text{-}1)$$

式中：SR^r 为未归一化的原值；m 为某种矿种；t 为当年；i 为某国；S 为 i 国的生产份额；Γ 是该国 WGI 指数。

均为等权重，然后归一化，使其在 $0 \sim 1$ 之间：

$$SR_{m,t} = \frac{SR^r_{m,t} - SR^r_{\min,t}}{SR^r_{\max,t:t'} - SR^r_{\min,t}} \qquad （4\text{-}3\text{-}2）$$

SR 为归一化后的结果值，用离差标准化方法，对原始数据作线性变换，使得结果值映射到

$0 \sim 1$ 之间。其中 max 为 t-t′ 时间区间样本数据的最大值，min 为 t-t′ 时间区间样本数据的最小值。该研究的 t-t′ 指所使用数据的起始年份到最新年份。

（二）欧盟委员会和经合组织的观点

欧盟委员会和经合组织认为，供应风险是消费、回收率、生产份额的合成。对于供应风险，可在以下公式基础上界定：

$$SR_i = \sigma_i (1 - \rho_i) \sum (S_i)^2 \qquad (4\text{-}3\text{-}3)$$

式中：i 为某矿种；S 为消费部门或行业；σ_i 是可替代性，$\delta_i = \sum_s A_{is} \sigma_{is}$，其中 A_{is} 是某矿种在最终消费部门或行业 S 的消费比例。ρ_i 是回收利用率；S_i 是生产份额。

如果可替代性低（σ_i 高则意味着可替代性低），或者回收利用率低，或者生产集中度高，供应风险指数就会高。

（三）BP 公司的观点

BP 公司认为，供应风险与以下 6 个因素相关：一是储量；二是生产贸易（没有在市场交易且半垄断生产）；三是生态影响（元素有毒，矿石含有低品位有毒物质、放射性物质等）；四是共伴生（产出过程中元素是伴生矿等）；五是可替代性；六是可回收性。

（四）Graedel 的观点

Graedel（2012）结合美国国家科学研究委员会的供应风险界定评估目的，考虑了两套供应风险指标：一套是从中期来看，包括地质、技术和经济，社会和规制，地缘政治 3 个一级指标。其中，地质、技术和经济指标下包括储量耗竭时

间（Depletion Time，DT）和共伴生情况；社会和规制指标下包括政策潜力指数（PPI）和人类发展指数（HDI）；地缘政治指标下包括政府治理指数（WGI）中政治稳定性指标和全球产量集中度。另一套是从长期来看，考虑了地质、技术和经济以及其下的二级指标"储量耗竭时间"和"共伴生情况"（图 4-3-1）。

图 4-3-1 Graedel（2012）中期和长期供应风险指标对比

（五）本研究关于供应风险的评估方法

根据对供应风险的定义和影响因素的分析，本研究关于供应风险指标的评估目标是界定某矿种的供应中断风险。本研究认为，供应风险是构成矿产资源危机性的二级指标之一，包括"储产比"和"产量集中度"两个三级指标。

本研究为什么没有使用 HHI 集中度分析？

以铝的产量为例，按照 HHI 计算，产量集中度为 65.6%，属于中度风险，但是其中中国的产量占全球总产量的 53.8%。其他国家产量占全球总产量的比例为 46.2%，用这个指标来看则属于低度风险。因此，从中国国情的角度评估供应短缺的矿种，不适宜采用 HHI 集中度分析方法。

三、产量变化率

本研究认为，产量变化率（G）是矿产资源危机性的二级指标之一，其三级指标亦为产量变化率。本研究采纳美国国家科学技术委员会与美国白宫科学技术政策局的方法，从全球角度，测量该矿种的全球产量，从而获取该矿种全球市场变化的趋势。

美国国家科学技术委员会与美国白宫科学技术政策局用产量增长率表示产量变化率，其计算公式如下：

$$G_{m,t}^r = \left(\frac{Q_{m,t}}{Q_{m,t'}} \right)^{\frac{1}{t-t'}} \tag{4-3-4}$$

式中：G 为产量变化率；G^r 表示未归一化的原值；m 为某种矿种；t' 为初始年；t 为当年。用以观测 m 矿种初始年至当年间全球主要产量变化。

进一步归一化到 0 ~ 1 区间：

$$G_{m,t} = \frac{G_{m,t}^r - G_{\min,t:t'}^r}{G_{\max,t:t'}^r - G_{\min,t:t'}^r} \tag{4-3-5}$$

式中：G 为归一化后的结果值，用离差标准化方法，对原始数据作线性变换，使得结果值映射到 0 ~ 1 之间。其中 max 为 t-t′ 时间区间样本数据的最大值，min 为 t-t′ 时间区间样本数据的最小值。

四、市场应对力

本研究认为，市场应对力（M）是构成矿产资源危机性的二级指标，其三级指标为"价格变化率"。本研究采纳了美国国家科学技术委员会与美国白宫科学技术政策局的方法。

美国国家科学技术委员会与美国白宫科学技术政策局认为，市场应对力表现为价格，可用以下公式表示：

$$M_{m,t}^{r} = \frac{\sqrt{\dfrac{\sum_{t'}^{t}(P_{m,t} - \overline{P}_{m,t:t'})^2}{t-t'}}}{\overline{P}_{m,t:t'}} \qquad (4-3-6)$$

式中：M 为产量变化率；m 为某种矿种；t' 为初始年；t 为当年；P 为 t 年平均价格；$\overline{P}$ 为 5 年间的年平均价格，观测 5 年市场应对表现。

进一步归一化到 0～1 区间：

$$M_{m,t} = \frac{M_{m,t}^{r} - M_{min,t:t'}^{r}}{M_{max,t:t'}^{r} - M_{min,t:t'}^{r}} \qquad (4-3-7)$$

（一）英国地质调查局（BGS）的观点

英国地质调查局认为，矿种的经济重要性体现在三方面：一是国内自给能力；二是人均消费量；三是总消费量。其中，国内自给能力可以用自给率表示。

自给率 = 产量 / 消费量

根据百分比，自给率分为 4 个档次。第一个档次：100% 是国内矿山供应，并且是净出口；第二个档次：65% 以上由国内矿山供应，同时需要进口；第三个档次：15%～65% 是进口，国内有回收利用的状况；第四个档次：65% 以上是进口，国内有回收利用的状况。

（二）美国国家科学研究委员会的观点

美国国家科学研究委员会认为，危机矿产对美国经济的影响，直接或间接关系到每个部门的发展。显而易见，美国工业发展使用大量的矿产资源，矿产资源在美国经济发展中占有非常重

要的地位。虽然其中的危机矿产的资源经济贡献占比很小，但是不能忽视。从定量描述来看，危机矿产对经济的影响主要包括国内矿产资源的生产、国内矿产资源的使用和国内矿业雇员的情况。

（三）欧盟委员会和经合组织的观点

对于矿种经济重要性，欧盟委员会注重测算"增加值 / 最终消费"，以此了解某矿种在最终消费行业的贡献情况。当最终消费配置发生改变时，经济重要性也随之改变，这种改变不会因为新的数据来自不同的地质区域而受到影响。另外，矿种的经济重要性每年都在改变，因为最终消费部门或行业的增加值总量发生了变化。

参考欧盟委员会（2014，2015）成果，研究实际情况下的经济重要性：

$$EI = \frac{1}{\sum_{s} Q_s} \sum_{s} A_{is} Q_s \qquad (4-3-8)$$

式中：i 为某矿种；S 为消费部门；Q_s 为消费部门的增加值总额；A_{is} 是某矿种在最终消费部门 S 的消费比例。

如果某种矿种主要用于某一个消费部门或行业，并在经济中所占份额较大，将对应很高的经济重要性指标。一般来说，因为难以直接获取特定矿种产生的增加值，使这些矿种的经济重要性无法得到完美体现。在实践中，若某个矿种对某个消费部门或行业的产出所占份额非常重要，即使这个部门或行业的消费量占总消费量的份额很小，但该矿种对于这个部门或行业来说都是非常重要的。

经合组织对经济重要性的评估，主要是界定评估一组经济部门或行业里某个特殊矿种所占的比例，用增加值总量来观察其在这些部门或行

业所占的份额。可按欧盟（2010）大行业分类方法，划分 18 个部门或行业，粗略估算矿产资源使用的价值链。

按照经济合作与发展组织的观点，某个矿种有三种用途，总比例为 100，汇集到被消费的部门或行业 A 和 B，这两个部门或行业的增加值总额贡献给了所在地区的 GDP。将消费比例乘以增加值，这个矿种的所有消费部门或行业增加值加总就是其经济重要性。这个评估方法的好处是，有的矿种市场虽然很小，占总增加值的比例也小，但其贡献情况也可以得到体现。但是，要找到每个矿种的主要用途和其在消费部门或行业中的比例，然后按照这个比例乘以这个部门或行业的总增加值，最终把所有部门或行业的消费加和，其工作量非常之大。

经合组织的评估方法需要的数据涉及两个方面：一是最终消费分布情况。数据来自多个国家、地区和各个机构。大多数情况下，某矿种的最终用途配置差别不大，但这不是一个硬性规定。本研究假设用途配置相似。二是部门或行业的增加值总量。

（四）Harper 等的观点

Harper 等和 Nuss 等（2014）认为，国家层面的经济重要性，是一个矿种的价值对国家经济重要性的衡量和重大资产价值测量。其中，对国家经济重要性的衡量是该矿种的消费价值在 GDP 中所占的比例，用百分比表示；重大资产价值测量是该矿种的人均使用存量与该国总体使用存量和储量的比值。

Harper 等和 Nuss 等（2014）在评估报告中分析了铁矿石、锰、锌、铬、锡、铌、钒、钢、锗 9 种矿产资源对美国经济的重要性。

五、关于中国危机矿产界定评估方法的总结

本研究对中国 59 个矿种的 9 个三级指标数据进行计算，按照 1 ～ 3 的分值分别计算出具体分数。其权重采用等权重方法，每个指标都是得分越高其危机性越强，得分对照 3 分、2 分、1 分划为高、中、低三档，并且对其进行产值调整。

其中，"储产比"指标的分档标准来自 BP 公司文献和美国国家科学研究委员会（2008）。"产量集中度"指标分档标准综合 BP 公司和英国地质调查局文献。例如，"高"（3 分）表示其他国家产量占全球产量比例＞ 66%。

"市场应对力"的指标得分，借鉴美国国家科学技术委员会与美国白宫科学技术政策局的方法。"产量变化率"和"价格变化率"则是经过计算得到。"进口来源集中度"指标的分档标准来自 BP 公司文献和英国地质调查局文献。例如，"高"（3 分）表示前三位进口国总数量占全部进口数量比例＞ 66.6%。

在此，以铬为例，运用公式（4-3-4）和（4-3-6），简要说明指标数据计算结果（表 4-3-1）。

表 4-3-1 铬的危机性数据

指 标	数 值	分 值
储产比	43	2
其他国家产量占全球产量比例	83%	3
共伴生情况	30%	1
可替代性	0.2	3
回收利用率	25%	2
产量变化率	0.36	2
价格变化率	0.30	1
进口来源集中度	85.8%	3
总分		17
归一化结果		8.63

第四节　数据来源

数据来源是危机矿产界定评估的关键影响因素。本研究的储量、产量、可替代性、回收利用率、共伴生情况均采用国际数据，与前述经典文献中数据来源相统一。一是储量和产量数据来自美国地质调查局。二是可替代性、回收利用率和共伴生数据来自欧盟等国外政府机构，奥格斯堡大学等国外大学和研究机构。可替代性和回收利用率的数据选择及评分方法借鉴 BGS（2015）和 BP 公司（2013）方法，在此基础上考虑中国国情，再请专家进行修订。三是价格数据参照美国地质调查局数据。四是国内数据采用中国海关数据。有些矿种缺乏进出口价格数据，则以伦敦金属交易所（London Metals Exchange）价格数据为补充。五是少数矿种缺乏共伴生数据，则采用 BP 公司处理方式，对其打分为 2（表 4-4-1）。

表 4-4-1　中国危机矿产界定评估矿种产量数据来源

矿种	国际产量数据			国内产量数据			价格		
	国际产量解释	数据来源	单位	国内产量解释	数据来源	单位	价格解释	数据来源	单位
铝 (aluminium)	smelter prod	美国地质调查局	千吨	smelter prod		千吨	进口/出口年平均价格		
锑 (antimony)	mine prod	美国地质调查局	吨	prod		吨			
砷（arsenic）	arsenic trioxide production	美国地质调查局	吨	mine prod		吨			
重晶石 (barytes)	mine prod	美国地质调查局	千吨	mine prod		千吨			
铝土矿 (bauxite)	mine prod, as a general rule, 4 tons of dried bauxite is required to produce 2 tons of alumina, which, in turn, produces 1 ton of aluminum	美国地质调查局	千吨	mine prod		千吨			
膨润土 (bentonite)	mine prod	美国地质调查局	千吨	mine prod		千吨			
铍 (beryllium)	mine prod	美国地质调查局	吨	mine prod		吨			

矿种	国际产量数据			国内产量数据			价格		
	国际产量解释	数据来源	单位	国内产量解释	数据来源	单位	价格解释	数据来源	单位
铋 (bismuth)	mine prod	美国地质调查局	吨	mine prod		吨			
硼 (boron)	boron minerals production	美国地质调查局	千吨	boron minerals production		千吨			
溴 (bromine)	bromine production	美国地质调查局	吨	bromine production		吨			
镉 (cadmium)	refinery production	美国地质调查局	吨	refinery production		吨			
铬 (chromium)	mine prod	美国地质调查局	千吨	mine prod		千吨			
钴 (cobalt)	mine prod	美国地质调查局	吨	mine prod		吨			
铜 (copper)	mine prod	美国地质调查局	千吨	mine prod		千吨			
硅藻土 (diatomite)	mine prod	美国地质调查局	千吨	mine prod		千吨			
长石 (feldspar)	mine prod	美国地质调查局	千吨	mine prod		千吨			
萤石 (fluorspar)	mine prod	美国地质调查局	千吨	mine prod		千吨			
镓 (gallium)	refinery prod	美国地质调查局	吨	refinery prod		吨			
锗 (germanium)	refinery prod	美国地质调查局	吨	refinery prod		吨			
金 (gold)	mine prod	美国地质调查局	吨	mine prod		吨			
石膏 (gypsum)	mine prod	美国地质调查局	千吨	mine prod		千吨			
铟 (indium)	refinery prod	美国地质调查局	吨	refinery prod		吨			
碘 (iodine)	crude iodine production	美国地质调查局	吨	crude iodine production		吨			
铁矿石 (iron ore)	mine prod	美国地质调查局	百万吨	mine prod		百万吨			
铅 (lead)	mine prod	美国地质调查局	千吨	mine prod		千吨			
石灰石 (limestone)	lime prod	美国地质调查局	千吨	lime prod		千吨			
锂 (lithium)	mine prod	美国地质调查局	吨	mine prod		吨			
菱镁矿 (magnesite)	magnesite mine prod	美国地质调查局	千吨			千吨			
镁 (magnesium)	primary prod	美国地质调查局	千吨	primary prod		千吨			
锰 (manganese)	mine prod	美国地质调查局	千吨	mine prod		千吨			
汞 (mercury)	mine prod	美国地质调查局	吨	mine prod		吨			
云母 (mica)	mine prod	美国地质调查局	吨	mine prod		吨			
钼 (molybdenum)	mine prod	美国地质调查局	吨	mine prod		吨			

续表

矿种	国际产量数据			国内产量数据			价格		
	国际产量解释	数据来源	单位	国内产量解释	数据来源	单位	价格解释	数据来源	单位
天然石墨 (natural graphite)	mine prod	美国地质调查局	千吨	mine prod		千吨			
镍 (nickel)	mine prod	美国地质调查局	吨	mine prod		吨			
铌 (niobium)	mine prod	美国地质调查局	吨	mine prod		吨			
珍珠岩 (perlite)	processed prod	美国地质调查局	千吨	processed prod		千吨			
铂族金属 (PGMs)	mine prod	美国地质调查局	千克	mine prod		千克			
磷矿、磷盐岩 (phosphate rock)	mine prod	美国地质调查局	千吨	mine prod		千吨			
钾肥 (potash)	mine prod	美国地质调查局	千吨	mine prod		千吨			
稀土 (REE)	mine prod	美国地质调查局	吨	mine prod		吨			
铼 (rhenium)	mine prod	美国地质调查局	千克	mine prod		千克			
钪 (scandium)	mine prod	美国地质调查局	千克	mine prod		千克			
硒 (selenium)	refinery prod	美国地质调查局	吨	refinery prod		吨			
金属硅 (silicon metal)	没有说明	美国地质调查局	千吨	没有说明		千吨			
银 (silver)	mine prod	美国地质调查局	吨	mine prod		吨			
锶 (strontium)	mine prod	美国地质调查局	吨	mine prod		吨			
硫 (sulfur)	prod	美国地质调查局	千吨	prod		千吨			
滑石 (talc)	mine prod	美国地质调查局	千吨	mine prod		千吨			
钽 (tantalum)	mine prod	美国地质调查局	吨	mine prod		吨			
碲 (tellurium)	refinery prod	美国地质调查局	吨	refinery prod		吨			
锡 (tin)	mine prod	美国地质调查局	吨	mine prod		吨			
钛 (titanium) 铁矿	mine prod	美国地质调查局	千吨	mine prod		千吨			
钨 (tungsten)	mine prod	美国地质调查局	吨	mine prod		吨			
钒 (vanadium)	mine prod	美国地质调查局	吨	mine prod		吨			
锌 (zinc)	mine prod	美国地质调查局	千吨	mine prod		千吨			
煤 (coal)		美国地质调查局	百万吨			百万吨			
石油 (oil)		美国地质调查局	百万吨			百万吨			
天然气 (gas)		美国地质调查局	十亿立方米			十亿立方米			

第五节 问卷调查

为了广泛征求专家学者、各级领导和社会各界的意见和建议，本研究课题组进行了中国危机矿产界定评估问卷调查，作为界定评估的重要参考。

1. 您认为，在中国进行危机矿产界定评估的指标应该有哪些？[多选题]

☐ 全球市场集中度指标　☐ 可替代性指标　☐ 回收利用指标　☐ 储产比指标　☐ 政策稳定性指标
☐ 价格波动指标　　　　☐ 环境影响指标　☐ 共伴生矿指标　☐ 国内产值指标
☐ 消费端指标　　　　　☐ 对外依存度　　☐ 中国产量/储量占全球产量/储量总量的比例

2. 您认为，在中国以下矿种之中，哪些矿种属于危机矿产？（战略矿产为：石油、天然气、页岩气、煤炭、煤层气、铀、铁、铬、铜、铝、金、镍、钨、锡、钼、锑、钴、锂、稀土、锆、磷、钾盐、晶质石墨、萤石）[多选题]

☐ 铍　☐ 硼　☐ 铌　☐ 钼　☐ 银　☐ 金　☐ 钽　☐ 铜　☐ 长石　☐ 云母　☐ 钯金　☐ 天然气
☐ 锡　☐ 铋　☐ 锶　☐ 镉　☐ 锑　☐ 铟　☐ 锰　☐ 锂　☐ 稀土　☐ 钾盐　☐ 磷矿　☐ 硅藻土
☐ 钒　☐ 铝　☐ 铼　☐ 镍　☐ 镓　☐ 锗　☐ 碘　☐ 碲　☐ 萤石　☐ 原油　☐ 煤炭　☐ 重晶石
☐ 溴　☐ 铬　☐ 硒　☐ 锆　☐ 铅　☐ 钨　☐ 钴　☐ 锌　☐ 铂金　☐ 滑石　☐ 菱镁矿　☐ 铁矿石
☐ 镁　☐ 硫　☐ 珍珠岩　☐ 钛精矿　☐ 金属硅　☐ 铝土矿　　　☐ 天然石墨

3. 您认为，在中国以下矿种之中，哪些矿种肯定不属于危机矿产？[多选题]

☐ 铍　☐ 硼　☐ 铌　☐ 钼　☐ 银　☐ 金　☐ 钽　☐ 铜　☐ 长石　☐ 云母　☐ 钯金　☐ 天然气
☐ 锡　☐ 铋　☐ 锶　☐ 镉　☐ 锑　☐ 铟　☐ 锰　☐ 锂　☐ 稀土　☐ 钾盐　☐ 磷矿　☐ 硅藻土
☐ 钒　☐ 铝　☐ 铼　☐ 镍　☐ 镓　☐ 锗　☐ 碘　☐ 碲　☐ 萤石　☐ 原油　☐ 煤炭　☐ 重晶石
☐ 溴　☐ 铬　☐ 硒　☐ 锆　☐ 铅　☐ 钨　☐ 钴　☐ 锌　☐ 铂金　☐ 滑石　☐ 菱镁矿　☐ 铁矿石
☐ 镁　☐ 硫　☐ 珍珠岩　☐ 钛精矿　☐ 金属硅　☐ 铝土矿　　　☐ 天然石墨

4. 您认为，中国危机矿产界定评估矿种数量大致上为多少个？（战略矿产为24个）[单选题]

○ 数量少于战略性矿产
○ 30 多个
○ 40 多个
○ 50 多个
○ 我认为：数量应为 _____ 个

第六节　结果对比

本研究初步界定评估出的中国危机矿产初选矿种目录中包含40个矿种（表4-6-1）。

与已有的其他国外危机矿产和中国战略性矿产研究报告的评估结果相比，本研究界定评估的危机矿产初选矿种数量较为宽泛。欧盟2017年危机矿产目录中矿种数量为61个，2014年为54个，2011年为40个；美国（OSTP，2016）危机矿产目录中矿种数量为32个；中国战略性

表4-6-1　我国危机矿产界定评估的备选矿种

序号	矿种	储产比	其他国家产量占比	共伴生情况	可替代性	回收利用率	产量变化率	价格变化率	进口来源集中度	产值比
1	铬	H	H						H	
2	锰	M	H	M	H	M			H	
3	钴	M	H	M	M	M				
4	镍	M	H						H	
5	钽	M	H	H		H	M		H	M
6	锆	M	H	M	M	M			H	
7	铷	M	H	M		H			H	
8	铯	M	H	M		H				
9	铪	M	H	H		H			H	
10	铍		H	H	M	H	M			
11	铂族金属		H	M	H	M		M	M	
12	锂		H		H	H			H	M
13	铜	M				H	M		H	
14	硼	M		H					H	
15	钾肥		H		H	H	M	M	H	
16	铝土矿	H	H		M	H			H	
17	铌	M	M	H	H				H	
18	锡			M		H	M	M	H	
19	锑	H		H	H	M			H	M

序号	矿种	储产比	其他国家产量占比	共伴生情况	可替代性	回收利用率	产量变化率	价格变化率	进口来源集中度	产值比
20	钼	M	M	M	H	M			H	
21	碲	M	M						H	
22	硅藻土		H	M		M	H	H	H	
23	铋	M		H	H	M	H		H	
24	镉									
25	铼	M	H	H	H	M		M		
26	锶	H	M							
27	铅	H	M	M	M				M	H
28	锌	H	M						M	
29	钒		M	M	M		H			M
30	钛		H	M	H	M			M	
31	稀土				M	M	M	H		
32	钨	M			M		M		H	H
33	铟	M	M	H	M	H			M	
34	锗	M		H	M	M	M			
35	重晶石	M	M	M	M					M
36	镓	M	M	H	M			H		
37	菱镁矿		M	M	H	H				M
38	滑石		M	M	M	H	M	M	M	M
39	萤石	M		M	H				H	M
40	天然石墨		M	M	H		M		M	M

注：M代表指标值为"中"；H代表指标值为"高"。

矿产目录（2016）中矿种数量为24个；英国地质调查局（2015）危机矿产目录中矿种数量为40个；欧盟委员会（2017）危机矿产目录中矿种数量为26个；澳大利亚（2013）危机矿产目录中矿种数量为22个（表4-6-2）。

本研究界定评估出的中国危机矿产初选矿种与欧盟、美国、英国、澳大利亚等国家或地区的界定评估结果进行对比，可以看出以下特点。

表 4-6-2　本研究界定评估备选结果与其他研究报告的对比

国家（地区）	研究结果
美国（OSTP，2016）	32 个，危机值从高到低：铱、铑、钌、锑、钨、稀土元素组、钒、锗、精炼铋、钼铁、汞、云母、钯、硅锰、钇、铋矿、铟、铌、钽、铌铁、钒铁、菱镁矿、独居石、钴矿、铁矾、金属镁、铼、铍、铬铁、锰铁、钼、硅
中国战性矿产目录（2016）	24 个，能源矿产：石油、天然气、页岩气、煤炭、煤层气、铀；金属矿产：铁、铬、铜、铝、金、镍、钨、锡、钼、锑、钴、锂、稀土、锆；非金属矿产：磷、钾盐、晶质石墨、萤石
英国（BGS，2015）	40 个，危机值从高到低：稀土元素组、锑、铋、锗、钒、镓、锶、钨、钼、钴、铟、砷、镁、铂族金属、锂、钡、石墨、铍、银、镉、钽、铼、硒、汞、萤石、铌、锆、铬、锡、锰、镍、钍、铀、铅、锌、铁矿石、钛、铜、铝、金
欧盟委员会（2017）	26 个，按字母顺序：锑、重晶石、铍、铋、硼酸盐、钴、萤石、镓、锗、铪、氦、重稀土、铟、轻稀土、镁、天然石墨、天然橡胶、铌、铂族金属、磷矿（phosphate rock）、磷（phosphorus）、钪、金属硅、钽、钨、钒
澳大利亚（2013）	22 个，第一类危机值从高到低：稀土元素组、铂族金属、钴、镍、铬、锆、铜；第二类危机值从高到低：铟、钨、铌、钼、锑、锂、钽、锰、钛、石墨、锡、铍、铋、钍、氦
本研究结果	40 个，按拼音顺序：铋、铂族金属、碲、钒、锆、镉、铬、钴、硅藻土、铪、滑石、镓、钾肥、铼、锂、菱镁矿、铝土矿、锰、钼、铌、镍、硼、铍、铅、铷、铯、锶、钛、钽、锑、天然石墨、铜、钨、稀土、锡、锌、铟、萤石、锗、重晶石

资料来源：作者整理

一、与国外危机矿产的对比

　　欧盟、美国、英国、澳大利亚等国家或地区确定的危机矿产大多数包含在本研究评估出的中国危机矿产初选矿种目录范围内，但各有不同之处。

　　（1）澳大利亚 7 种一类危机矿产，即稀土元素组、铂族金属、钴、镍、铬、锆、铜，全部在中国危机矿产初选矿种目录范围内；澳大利亚 15 种二类危机矿产中，除钍和氦外，其余都在本研究报告的中国危机矿产初选矿种目录范围内。与澳大利亚的危机矿产目录相比，本研究报告的中国危机矿产初选矿种减少了钍和氦，增加了碲、钒、镉、硅藻土、铪、滑石、镓、钾肥、铼、菱镁矿、铝土矿、硼、铅、铷、铯、锶、锌、萤石、锗、重晶石这 20 种矿产[1]。澳大利亚危机矿产目录根据本国资源状况而设定，中国危机矿产初选矿种

目录增加的 20 种矿产也是根据本国需求而设定。

　　（2）美国白宫科技政策委员会 2016 年确定的 32 种危机矿产，大部分包含在本研究报告的中国危机矿产初选矿种目录范围内，但 OSTP 的报告与本研究报告的中国危机矿产初选矿种相比，有 4 个不同之处：一是 OSTP 对铂族金属研究得更充分。除铂、钯之外，OSTP 对铂族金属中的铱、铑、钌也进行了研究。由于数据缺乏，本研究对这些相对小宗的铂族金属未进行系统分析。二是 OSTP 的危机矿产目录对硅及有关合金高度重视，包括硅、硅锰、铬铁、锰铁、钼铁、铌铁、钒铁等。这些特种合金也是我们下一步研究的主要方向之一。以铬铁为例，95.8% 的铬铁用于冶金工业中不锈钢和合金钢的生产，中国不锈钢粗钢产量占全球的 51.9%。中国铬铁年产量一直在 20 万吨内徘徊，高度依赖进口的格局没有改变。从铬铁合金全球贸易看，南非、印度等

---

❶ 本研究报告中铂族金属主要包括铂和钯两种。

资源国限制原矿出口并实行高附加值政策，导致世界铬矿产品贸易形成以铬铁合金为主、矿石为辅的格局。世界铬铁合金主要出口国为南非、哈萨克斯坦和印度等，主要进口国家和地区为中国、美国、欧盟和日本等。三是 OSTP 目录中的汞、云母不在本研究报告的中国危机矿产初选矿种目录内，因为汞是《水俣公约》要求取消的矿产；至于云母，目前在各领域的替代品比较丰富。四是本研究报告的中国危机矿产初选矿种目录中，碲、锆、镉、铬、硅藻土、铪、滑石、镓、钾肥、锂、铝土矿、镍、硼、铅、铷、铯、锶、钛、天然石墨、铜、锡、锌、萤石、重晶石 24 种矿产不在美国 OSTP 目录中，特别是包括石墨和锂等重要矿产在内的危机矿产，也不在 OSTP 目录中。

这其中的原因是多方面的。不同的研究报告从不同角度对危机矿产进行分析，有的基于供应，有的基于需求，有的基于贸易和市场，有的则基于应用。因此，对不同研究报告的界定评估结果，还需要进行深入分析，特别是分析其经济结构调整下产业的发展趋势。在美国，除 OSTP 外，美国能源部、美国国家研究委员会等其他权威机构，以及美国物理学会等行业组织和一些跨国公司也对美国的危机矿产进行系统分析，但他们分析的角度和 OSTP 不完全相同。例如，不在 OSTP 危机矿产目录范围内的锂、天然石墨等，却是美国能源部危机矿产目录中非常突出、危机

性非常高、值得重视的危机矿产。因此，对美国 OSTP 的危机矿产目录还需要进行全面探讨（表4-6-3）。

（3）欧盟委员会 2017 年确定的 26 种危机矿产，大部分包含在本研究报告的中国危机矿产初选矿种目录之中。与本研究报告的目录相比，欧盟委员会危机矿产目录中增加了金属硅、氦、磷、钪等；本研究报告目录中的碲、锆、镉、铬、硅藻土、滑石、钾肥、铼、锂、铝土矿、锰、钼、镍、硼、铅、铷、铯、锶、钛、铜、锡、锌等矿产，不在欧盟委员会的危机矿产目录之中。

二、中国危机矿产与战略矿产的对比

中国在开展第三轮《全国矿产资源规划》（2016—2020 年）编制研究工作时，确定了 24 种战略矿产目录。在这 24 种战略矿产中，石油、天然气、页岩气、煤炭、煤层气、铀 6 种能源矿产不在本研究报告的危机矿产初选矿种目录之中。前已述及，本研究报告对化石燃料矿产未进行专门研究；由于数据的原因，对铀、钍等核能原料矿产也没有进行分析。战略矿产目录中的 4 种非金属矿产，即磷、钾盐、晶质石墨、萤石，磷矿不在本研究报告的目录之中。相对而言，中国的磷矿资源比较丰富，且与钾肥相比，可替代性相对较强。在战略矿产目录的 14 种金属矿产中，有 12 种矿产，即铬、铜、铝、镍、钨、锡、钼、

表 4-6-3　本研究界定评估初选结果与近几年美国研究报告的对比

美国 （OSTP，2016）	32 个，危机值从高到低：铱、铑、钌、锑、钨、稀土元素组、钒、锗、精炼铋、钼铁、汞、云母、钯、硅锰、钇、铋矿、铟、铌、钽、铌铁、钒铁、菱镁矿、独居石、钴矿、铁矾、金属镁、铼、铍、铬铁、锰铁、钼、硅
美国能源部	14 个：镧、铈、镨、钕、钐、铕、铽、镝、锂、钴、镓、铟、碲、钇
美国物理学会	30 个，一类是稀土，包括镧、铈、镨、钕、钐、铕、钆、铽、镝、钬、镥、钪、钇、铒 14 种；二是铂族元素，包括钌、铑、钯、锇、铱、铂 6 种；三是光伏技术使用的危机矿产，包括镓、锗、硒、铟、碲 5 种；四是其他用途的危机矿产，包括钴、氦气、锂、铼和银 5 种

锑、钴、锂、稀土、锆属于本研究报告的危机矿产，但铁矿石和金不属于本研究报告视野的危机矿产。这样，在除6种能源矿产之外的18种战略矿产中，有15种矿产属于危机矿产。本研究报告的危机矿产初选矿种目录中，铋、铂、碲、钒、镉、铪、镓、铼、锰、铌、钯、硼、铍、铅、铷、铯、锶、钛、钽、锌、铟、锗及菱镁矿、重晶石、硅藻土、滑石等，不属于我国已经公布的战略矿产。

三、通过对比得出的初步认识

综合对比世界主要国家、主要机构所研究和列出的危机矿产目录，可以得出如下初步认识：

（1）各国危机矿产目录中的矿产种类，大多数大宗矿产不在目录之中。大宗矿产中，可以列入危机矿产目录的主要是铜和铝。铜和铝这两种20世纪的大宗金属，在21世纪仍将有较大的需求量，主要原因仍然是能源产业发展的驱动，特别是电动汽车和输配电、电缆等领域的需求。这在一定程度上也表明，随着全球经济的发展和技术的进步，全球经济结构调整和产业结构的升级，所需要的矿产种类在发生变化。

（2）各国危机矿产目录中的矿产种类，非金属矿种数量不多而且比较集中，主要包括天然晶质石墨、萤石、重晶石、硅藻土、滑石等少数几种特种非金属。20世纪80～90年代，西方的一些矿业经济分析专家曾经认为，在工业化完成之后的后工业化时代，非金属矿产的市场规模很可能会超过全球金属市场。但现在看来，在一定程度上这个结论可能有失偏颇，与金属矿产相比，非金属矿产的开发利用仍然存在很大程度的不足，这需要材料技术方面的重大创新与突破。当然，在中国这样的传统农业大国，在这个养活13亿人所依赖的粮食安全仍然存在重大隐患的国家，难以替代的钾盐供应仍然是一个必须高度重视的问题。

（3）各国危机矿产目录中的矿产种类，相似度非常高的矿种是稀土、锂、钴、镍、锰、钨、铍等稀有、稀土和稀散金属。这些都是未来国际竞争的重要矿种，是高新技术发展的关键矿种，是生态文明建设的必需矿种。例如，发展新能源、替代常规能源，但新能源也需要以矿产资源为支撑。制造一辆雪佛兰电动汽车，与制造一辆大众高尔夫汽油车相比，铝的使用量需要增加70%，铜的使用量需要增加80%，电池活性材料（镍、钴、锂、锰、石墨）的使用量需要增加约140千克，稀土特别是钕和镝的使用量需要增加约1千克。按照乐观情景下电动汽车的市场渗透率计算，到2035年全球锂的需求量将增加30倍，钴需求量增加20倍，稀土和石墨增加5～7倍，如果未来调整NMC电池的配方，镍的需求量也会增加5～7倍。高质量的现代化、高效益的现代化、创新型的现代化、平衡充分结构优化的现代化、人和自然协调发展的绿色现代化，都离不开危机矿产，但所需要的矿产资源的种类会发生变化，结构会优化、转型和升级。

（4）一些矿产资源尽管均在有关国家的危机矿产目录之列，但其危机性的来源并不完全相同，对此需要具体问题具体分析。以稀土为例，稀土几乎在各个国家的危机矿产目录中位居前列，这主要取决于稀土的战略地位和高技术应用。但是，日本等高度缺乏稀土资源的国家，进口依存度非常高，将稀土列入危机矿产目录的主要目的是通过政策措施确保稀土资源的安全、稳定和多元化供应；欧洲一些国家及美国、澳大利亚等，目前稀土矿产的对外依存度非常高，但境内还有一定潜力，将稀土列入危机矿产目录的主要目的则是多方面的，既包括安全、稳定供应，也包括加强国内找矿勘查，以及回收利用和技术研发;稀土资源丰富、产量占全球 95% 以上的中国，将稀土列入危机矿产初选矿种目录的主要目的则是从稀土资源管理的角度，加强稀土资源的有效保护、合理开发和科学利用，防止出现"优转劣"的势头，确保将资源优势转化为话语权优势，转化为全球市场的引导力和影响力，确保将稀土资源开发利用的环境影响降到最低，通过技术研发确保全国稀土产业的安全、稳定和健康可持续发展。

（5）一些国家将不少特种金属合金列入危机矿产目录之中。合金元素指的是在冶炼金属的过程中加入一定数量的一种或多种的金属或非金属元素从而获得材料的特殊性能，如提高强度、改善抗氧化性能、提高塑性和工艺性能等，而这些添加进去的辅助性元素材料就叫作合金元素。组成合金的化学元素多数是金属元素，如铜、锡、铅、铝、锰、铬、钼、镍及稀有金属等；少数是非金属元素，如碳、硅等。镍基高温合金近期发展迅猛，钛、钒、铍基合金的发展势头也非常被看好。从材料角度来看，加强对中国危机矿产的深入研究非常必要。

（6）许多国家的危机矿产目录是动态的，不同危机矿产的危机性也是动态的。这主要取决于技术的进步和产业的调整。例如，欧盟委员会的危机矿产目录，原则上每 3 年调整一次，每次调整时，可能增删一些危机矿产的种类，也可能对一些危机矿产的危机性进行调整。如锂，在早期的一些关于危机矿产的研究报告中，或者将锂排除在外，或者评估锂的危机性较低，但随着电动汽车的发展，近期一些关于危机矿产的研究均将锂列入目录之中并加以重点分析和研究。各国早期的危机矿产目录中，评估的铂族金属的危机性均特别高，主要原因在于铂族金属的资源储量分布高度集中，主要分布在苏联和南非这些存在地缘政治不确定性的国家，但在近期的一些矿产资源危机性研究报告中，大多数将铂族金属的危机性排序下调，主要原因也在于电动汽车的发展使得不再需要注意应用于排气催化器的铂族金属，因此，其危机性相应也在下降。

第七节　结果分析

一、总体分析

大致分析 2017 年中国危机矿产初选矿种目录，重点考虑 3 类矿种：一是供应风险指标突出的矿种；二是随着高技术和低碳技术需求增加而危机性上升的矿种；三是当前市场波动较大而带来危机的矿种。这 3 类矿种交织重复的危机矿产是危机性高的矿种。

第一类，供应风险指标突出的危机矿产，包括铝土矿、钾、铜、锰、铬、硼、镍、锆、锂、钴、铌、钽、铍、铂族金属、铷、铯、铪 17 个矿种。本研究的供应风险指标包括产量的供应指标、其他国家产量占比和储量的供应指标。表 4-7-1 具体列出了这些矿种的中国储量、产量和全球储量、产量情况。其中，铝土矿在中国储量占比是全球的 3%，但产量占全球的 24.8%。

第二类，随着高技术和低碳技术需求增加而危机性上升的矿种，生态友好型技术指标的危

表 4-7-1　中国部分危机矿产供应风险情况

矿种	世界储量 / 万吨	中国占比 /%	世界产量 / 万吨	中国占比 /%	储产比
铝土矿	2800000	3.0	26200	24.8	106.9
钾盐	430000	9.0	3900	15.9	110.3
铜	72000	3.9	1940	9.0	37.1
锰	69000	6.0	1600	18.8	43.1
铬	50000	—	3040		16.4
硼	38000	8.4	940	1.7	40.4
镍	7800	3.2	225	4.0	34.7
锆	7500	0.7	146	9.6	51.4
锂	1400	22.9	3.5	5.7	400.0
钴	700	1.1	12.3	6.3	56.9
铌	430	—	6.4	—	67.2
钽	大于 10		0.11	5.5	
铍	10		0.022	9.1	454.5
铂族金属	6.7	—	0.038	—	176.3

机性明显。生态友好型技术指标指的是共伴生、可替代、回收利用及未来的用途等。主要包括铂族金属、稀土、铬、钒、钛、铌、钴、镍、锂、铷、铯、钨、铟、锗、钽、镓、菱镁矿、滑石、萤石、天然石墨、铍、铼、重晶石、锶 24 个矿种。例如，电动汽车动力电池生产的相关金属包括钴、锂和镍，其需求增长在全球升温 4℃情景中相对较低，而在全球升温 2℃情景中，其需求增长幅度将超过 10 倍。至 2050 年，相关矿物具体累计需求是：铬近 400 万吨；钴约 9 万吨；锂约 2000 万吨。而铍的主要用途转入航天与航空领域，用于制造飞行器的部件。

第三类，当前市场波动较大而带来危机的矿种。包括硼、铍、镍、钴、锂、铋、天然石墨、铌、锡、菱镁矿、钽、铂族金属、铬、锑、铟、硅藻土、钨、铝土矿、碲、锰、锆、铪、镉、钾、铜、稀土、钼、铅、锌 29 个矿种。以镍精矿为例，海关总署数据显示，中国 2016 年进口量为 3210.6 万吨，其中从菲律宾进口镍矿 3053.63 万吨，占进口总量的 95.11%，进口集中度非常高。主要原因是受印度尼西亚矿业政策的影响，2016 年从印度尼西亚进口的镍矿只有 33.98 万吨，2015 年从印度尼西亚进口的镍矿为 17.4 万吨，2014 年的数量为 1063.9 万吨，2013 年为 4105.2 万吨，印度尼西亚矿业政策改变致使中国进口镍精矿的格局发生较大变化。总之，中国镍精矿的进口，不是依赖印度尼西亚就是依赖菲律宾，进口集中度非常高。再以铝土矿为例，中国铝土矿资源品质欠佳，而氧化铝产量快速增加，使得铝土矿供需矛盾越来越突出。海关总署数据显示，2016 年中国共进口铝土矿 5178 万吨，其中从澳大利亚、几内亚和马来西亚 3 个国家进口铝土矿占总进口量的比例分别为 41.2%、23.0% 和 14.4%，共 78.6%。因此铝的进口集中度为 3，属于高度危机（表 4-7-2）。

表 4-7-2 中国部分危机矿产进口指标情况

矿种	进口量 / 万吨	主要进口来源	前三位进口国占总进口的比例 /%
铍	2.017 吨	哈萨克斯坦	99.9
镍	3210.61	菲律宾（95%）、新喀里多尼亚（2%）、印度尼西亚（1%）	98.0
钴	14.91	赞比亚（67%）、坦桑尼亚（31%）	98.0
锂	2.2	智利（66%）、阿根廷（23.2%）、日本（8%）	97.2
铋	10.67 吨	英国（83%）、美国（11%）	94.0
铌	2.4	巴西（91.4%）	91.4
锡	0.9633	玻利维亚（52%）、印度尼西亚（26%）、马来西亚（12.5%）	90.5
菱镁矿	0.2538	朝鲜（78.8%）、土耳其（11.4%）	90.2
钽	—	马来西亚、刚果（金）	高
铂族金属	—	—	—
铬	1057.6	南非（73.3%）、土耳其（7.8%）、阿尔巴尼亚（4.7%）	85.8
锑	5.4	塔吉克斯坦（47.8%）、澳大利亚（22.6%）、俄罗斯（15.4%）	85.8
铟	104.1 吨	韩国（27.1%）、美国（24.3%）	51.4
硅藻土	1.1	美国（60%）、墨西哥（14%）、西班牙（8%）	82.0
钨	0.4	俄罗斯（31%）、蒙古（27%）、卢旺达（21%）	79.0
铝土矿	5178	澳大利亚（41.2%）、几内亚（23%）、马来西亚（14.4%）	78.6
碲	硼、碲进口量为 893.73 吨	韩国（39%）、德国（24%）、比利时（14%）、美国（12%）	77
锰	1705	南非（41.7%）、澳大利亚（23.8%）、加纳（10.3%）	75.8
锆	100.7	澳大利亚（45%）、南非（20%）、莫桑比克（10%）	75.0
镉	0.927	韩国（42%）、加拿大（15.9%）、哈萨克斯坦（15.5%）	73.4
钾	408	加拿大（25.33%）、白俄罗斯（23.32%）、俄罗斯（21.47%）	70.1
铜	1705.18	智利（27.8%）、秘鲁（26.6%）、蒙古（8.8%）	63.2
钼	2.2	蒙古（26.3%）、美国（23.2%）、智利（20.6%）	70.1
铅	140.9	美国（18.6%）、俄罗斯（15.7%）、秘鲁（10%）	44.3
锌	199.8	澳大利亚（32.2%）、秘鲁（20.1%）、朝鲜（6%）	58.3

数据来源：根据海关数据计算

基于上述分析，关于中国危机矿产初选矿种，除具有上述在结果对比中所表现的特点之外，还可以具体划分为三种危机等级，每一等级又可以细分为不同的类型（表4-7-3）。

二、一级危机（Ⅰ级）矿种

在中国危机矿产初选矿种目录中，有8个矿种存在严重供应风险，生态友好型技术应用非常广泛，市场波动非常大，3个二级指标均有十分明显的危机性，属于一级危机（Ⅰ级）矿种，包括锂、镍、钴、铂族金属、铬、铌、铍、钽。

总体上看，在我国矿产资源中，这8个矿种的危机性最高。这一组危机矿产可分为3种情况。

1. 第一种情况：锂、镍、钴是新能源行业、新材料行业和新环保恢复技术行业的关键矿产资源

锂是电动汽车的重要燃料。随着电动汽车行业的发展，锂电池行业也得以迅猛增长。有关研究预期，到2035年全球锂需求量可能增长30倍，未来关于锂资源的全球市场竞争将非常激烈。美国地质调查局数据显示，2016年中国锂产量为2000吨，占全球产量的5.7%。Roskill公司2013年统计，中国锂矿资源消费占全球消费总量的35%。根据美国地质调查局数据，2016年全球锂资源消费总量为37800吨，按照35%折算，中国锂矿资源消费量为13230吨。

镍也是电动汽车发展必不可少的危机矿产。锂电池包括钴酸锂（LCO）、锰酸锂（LMO）、镍钴锰三元材料（NMC）、磷酸铁锂（LFP）4种。其中，按照目前配方，镍钴锰三元材料电池中，镍、锰、钴比例是1：1：1，但未来可能会调整为8：1：1。特斯拉锂电池正极材料选择为镍钴铝三元正极材料电池，同样离不开镍和钴，其需求量将会大幅度增加。对于镍，需要考虑一个问题，从消费角度看，世界金属统计年鉴数据显示，2016年中国消费87.3万吨精炼镍，占全球消费总量的46.8%；进口精炼镍36.2万吨，是世界

表 4-7-3　一、二、三级危机矿种列表

危机分类	危机亚类	矿种	指标说明
一级危机（Ⅰ级）		锂、镍、钴、铂族金属、铬、铌、铍、钽	存在严重供应风险、生态友好型技术应用也非常广泛、市场波动也非常大的矿产
二级危机（Ⅱ级）	二级一类（Ⅱ-a）	铷、铯	供应风险很大，生态友好型技术要求高
	二级二类（Ⅱ-b）	铝土矿、钾、铜、锰、硼、锆、铪	供应风险很大，市场波动风险也非常大
	二级三类（Ⅱ-c）	钨、铟、菱镁矿、天然石墨、稀土	高新技术应用非常广泛，同时市场波动风险非常大的危机矿产
三级危机（Ⅲ级）	三级一类（Ⅲ-a）	钒、钛、锗、镓、滑石、萤石、铼、重晶石、锶	生态友好型技术指标明显危机
	三级二类（Ⅲ-b）	铋、锡、锑、硅藻土、碲、镉、钼、铅、锌	市场波动风险非常大

最大的镍金属进口国。回顾国内外精炼镍供应历程，自 20 世纪 80～90 年代以来取得重大突破的红土型镍矿，已经无法用于电池制造之中，因为用于电动汽车制造的镍是硫化物型镍矿。但目前全球镍矿资源以红土型镍矿为主，约占总量的 60%；硫化物型镍矿约占总量的 40%，主要分布在加拿大、俄罗斯、澳大利亚、中国和南非等国家。中国以硫化物型镍矿为主的镍矿资源约占全国总量的 90%，但仅占全球总量的 4%，镍矿资源相对贫乏。

钴是一种非常稀缺的资源。2006 年全球钴消费量中，用于电池生产的消费比例是 33.6%，2016 年该比例上升为 46.5%。除了电池生产之外，钴主要应用于生产高温合金、耐热耐腐合金和硬质合金等领域，在军事工业、航空工业中也具有不可替代的重要地位。2016 年，刚果（金）钴储量占全球储量的 48.6%；储量居第二位的是澳大利亚；中国钴储量约 8 万吨，占全球总储量的 1.1%。2016 年的钴产量,刚果（金）占全球钴产量的 53.7%；中国是世界第二大钴生产国，2016 年的产量为 7700 吨，占全球产量的 6.3%。2016 年中国钴精矿产量是 2002 年的 7.7 倍。从中可以看出，中国钴资源匮乏，远远满足不了当前钴需求量的快速增长。当前，全球最大的钴供应国是刚果（金），但长期以来刚果（金）政局动荡不安，政府治理指数扭曲，关于钴的全球地缘政治格局已经发生重大变化。与此同时，世界钴市场也发生了较大的波动，仅 2017 年里，LME 钴 3 个月价格跌宕起伏，从 2 月 13 日的 42000 美元 / 吨到 12 月 11 日的 74000 美元 / 吨，同比增长 76.2%，是 2016 年最低价的 3 倍（图 4-7-1）。

2. 第二种情况：铂族金属和铬这两种危机矿产从我国第一轮矿产资源保障程度论证工作开始，就一直作为我国重要短缺矿产

目前，我国铂族金属和铬铁矿的进口依存

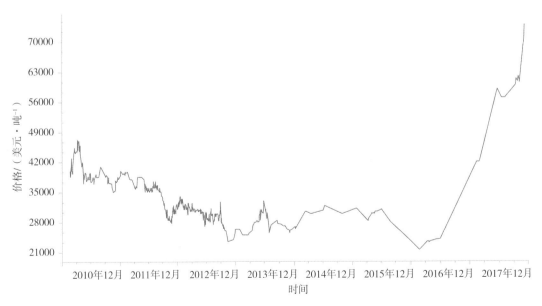

图 4-7-1 2010—2017 年 LME 3 个月钴期货结算价走势

数据来源：LME

度均超过 85%，而我国铂族金属和铬铁矿的储量在全球的占比很低，且国内均只有一处矿床。全球铂族金属和铬铁矿的储量高度集中，主要位于南非、俄罗斯和土耳其。因此，必须重视这两种危机矿产的安全、稳定和可持续供应。但总体上看，与锂、镍、钴未来市场需求将大幅度增加相比，铂族金属和铬铁矿未来的需求增幅不会太大，特别是用于汽车排放净化器的铂族金属，由于电动汽车的崛起而市场萎缩；用于钢铁市场的铬铁矿由于全球钢铁市场的逐渐饱和而市场萎缩。所以，这两种矿产资源的危机性低于锂、镍、钴。但是，随着技术的进步，不排除铂族金属和铬市场需求大幅度增加的可能性，特别是铂族金属中除铂和钯之外的铑、铱、钌与锇，在高技术产业中的应用方兴未艾，前景看好；铬在合金中的应用也显示了良好的前景。

3. 第三种情况：铌、钽、铍是非常典型的稀有金属，在高新技术特别是航空航天等领域的应用前景十分广阔

我国铌和钽的储量及产量在全球的占比约为 5%，进口依存度超过 90%。铍矿是美国的优势矿产，在全球的占比约为 9%。铌、钽、铍的供给安全问题，将成为制约我国相关领域发展的一个重要因素。

综上所述，在我国矿产资源开发利用的过程中，需要牢固树立起以锂、镍、钴、铂族金属、铬、铌、铍、钽等生态友好型技术相关的危机矿产安全供给为中心的观点。

三、二级危机（II 级）矿种

本研究报告的中国危机矿产初选矿种目录中，有 14 个矿种，其 3 个二级指标中有 2 个指标存在较为严重的危机性，属于二级危机（II 级）

矿种，具体包括铷、铯、铝土矿、钾、铜、锰、硼、锆、铪、钨、钢、菱镁矿、天然石墨、稀土。

其中，铷和铯供应风险很大，生态友好型技术要求高。铝土矿、钾、铜、锰、硼、锆、铪 7 个矿种供应风险很大，市场波动风险也非常大。钨、钢、菱镁矿、天然石墨、稀土 5 个矿种则属于高新技术应用非常广泛但市场波动风险也非常大的危机矿产。这组危机矿产也可分为 3 种情况。

1. 第一种情况：二级危机（II 级）一类（II-a），包括铷和铯

这两个矿种目前市场容量很小，但在高技术产业中的应用非常广泛，而且发展前景看好。全球铷矿和铯矿资源主要集中在纳米比亚和津巴布韦，全球铷精矿第一生产国是美国，占全球总产量的 48.1%。近几年，中国铷精矿产量均不足 4000 吨，仅占全球总产量的 3.3%。由于铷和铯性质独特，具有很强的化学活性和优异的光电效应性能，使其在许多领域中有着重要的用途，特别是在航天测控、卫星导航、医学检测、光电设备、有机催化剂、光导纤维等方面，这两种矿产具有不可替代的作用。同时，中国铷和铯矿产的对外依存度非常高，进口集中度也非常高。铷和铯显示出越来越重要的作用，因此生态友好型技术指标也非常高。

2. 第二种情况：二级危机（II 级）二类（II-b），包括铝土矿、钾、铜、锰、硼、锆、铪

这 7 个矿种供应风险大，市场波动大，但在高技术产业方面的应用并不是特别突出。但是，这组危机矿产中有 4 种相对大宗的矿种，值得高度重视。其中，铜和铝可能是前景光明的主要大宗矿产。正如前文所述，生产一辆雪佛兰电动汽车与生产一辆大众高尔夫汽油车相比，铜的使用量会增加 80%，铝的使用量会增加 70%，到 2035 年之前，全球铜和铝的需求量

仍然会有非常强大的支撑。我国的钾盐和锰矿石储量目前分别占全球储量的9%和6%，产量却分别占全球的16%和19%，开发利用强度平均是全球的2～3倍。这4种大宗的危机矿产近年来对外依存度均居高不下，进口集中度也比较高。

3.第三种情况：二级危机（II级）三类（II-c），包括钨、铟、菱镁矿、天然石墨、稀土

这5个矿种实际上是我国具有比较明显优势的矿产，在高技术产业方面用途广泛，同时市场高度波动。如钨，高强度的开发利用已经使我国钨资源出现了"优转劣"的势头，亟待加强更有效的管控。晶质石墨用途广泛，石墨烯对资源的利用本身数量很小，但其需要的是非常优质的大片鳞片晶质石墨，此外石墨在电动汽车电池中的使用，预计也将使全球石墨的需求量增长5～7倍。此外，稀土的市场波动也不小。

四、三级危机（III级）矿种

本研究报告的中国危机矿产初选矿种目录中，有18个矿种主要是在一个二级指标上存在严重危机性的矿产，属于三级危机矿产（III级）。其中，高技术指标危机性明显的三级一类（III-a）危机矿产包括钒、钛、锗、镓、滑石、萤石、铼、重晶石、锶9个矿种，市场波动指标危机性较大的三级二类（III-b）危机矿产包括铋、锡、锑、硅藻土、碲、镉、钼、铅、锌9个矿种。这些矿种之中，锡、锑、滑石、萤石等是我国的优势矿产资源，需要通过加强管控，进一步引导和控制全球市场；钒、钛等也属于我国优势矿产资源，但其市场研发需要进一步加强；锗、镓、碲、镉等属于稀散金属，主要是作为共伴生元素与主矿产（铜、铅、锌）一起产生的矿产资源，对于这些矿种，如何加强管理和调控，尚待进一步研究。

第五章 中国危机矿产界定评估的具体清单

在回顾全球危机矿产研究进展、梳理危机矿产界定评估方法、分析危机矿产界定评估指标、制定中国危机矿产界定评估方案基础上，通过具体计算，界定评估出 40 个初选矿种的具体目录，本章对中国危机矿产的每个初选矿种逐一进行分析。

第一节 铂

一、概述

铂（Platinum），元素符号为 Pt，是一种天然的白色贵重金属。铂元素在元素周期表中第10族（VIII_B）铂族元素，原子序数78。

铂的色泽美丽、延展性强，耐熔、耐摩擦、耐腐蚀，在高温下化学性质稳定，有着广泛的用途。在铂族金属中，人们最熟悉、用得最多的是铂金，它比贵金属中的黄金、白银等更加稀少。纯铂呈银白色，具金属光泽。铂的颜色和光泽是自然天成的，历久不变。铂硬度为 4～4.5，密度为 21.45 克 / 厘米^3，由于延展性强，可拉成很细的铂丝，轧成极薄的铂箔后强度和韧性也比其他贵金属高得多。1 克铂即使拉成 1.6 千米长的细丝也不会断裂。铂熔点高达 1768℃，导热、导电性能好。

铂的化学性质极其稳定，不溶于强酸和强碱，在空气中不会被氧化，并具有独特的催化作用。

二、用途

1. 炼油催化剂

20 世纪 50 年代早期，铂已经在精炼厂被用作主要的催化剂，将低辛烷值的石脑油升级成高辛烷值的汽油。现在，在没有铂的情况下，对于高辛烷值燃料的需求是不可能被满足的。对于日益增长的汽油和更多的铂催化剂的需求，已经被需要更少金属的催化剂的发展所平衡。

2. 自动催化剂

在希望减少汽车尾气污染这一想法的推动

下，导致了 1975 年美国加利福尼亚州轻型汽车中自动催化剂的诞生。这种自动催化剂是指在引擎和消音器中间有一个容器，里面装有一个涂有 PGMs 的完善的蜂窝网。现在，全世界超过 85% 的新产车辆都配备了自动催化剂。一般车辆的催化剂含有 2～10 克的铂族金属（PGMs-铂、钯和铑，使用多种混合物），这部分是铂最大的单个消费之处。自动催化剂明显地减少了汽油和柴油引擎所产生的有害排放。柴油汽车的催化剂原本只用铂，但是，现在越来越多的汽车使用铂的混合物、铑和钯。铂还是燃料电池最主要的催化剂，随着燃料电池的广泛应用，对铂的需求也将进一步增加。

3. 非能源部门的用途

在非能源部门，铂最多的一次性用途是在珠宝部门，并且可作为一种投资金属。铂基催化剂被用于化学工业；近年来，抗癌药物及医疗器械中对铂的使用也越来越广泛。

根据 BP 公司数据，具体分析铂的应用现状，自动催化剂占 44%，珠宝占 39%，投资占 7%，医学和生物医学占 3%，玻璃制品占 2%，其他占 5%（图 5-1-1）。

三、供应风险指标

1. 世界总产量和中国产量

2016 年，世界铂金产量为 172 吨，与上年相比略有下降（图 5-1-2）。主要铂金生产国是南非，产量达 120 吨，其他几个国家及其产量分别为美国 3.9 吨、加拿大 9 吨、俄罗斯 23 吨、津巴布韦 13 吨，上述 5 个国家铂金产量占世界总

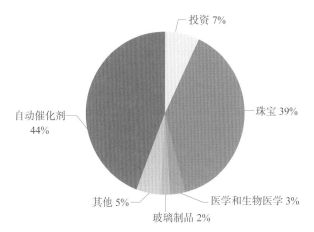

图 5-1-1　铂的应用现状

数据来源：BP公司

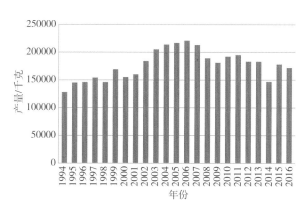

图 5-1-2　1994—2016 年世界铂产量

数据来源：Mineral Commodity Summaries

99.3%（图 5-1-3）。美国地质调查局认为，预计全球会有超过 10 万吨的铂族金属资源，并且大部分集中在南非的灌木丛林地区。

数据显示，2016 年世界铂矿储量为 7904 吨（已证实经济可采的金属量），其中南非铂矿储量占 70%。

截至 2016 年年底，中国所查明的铂矿资源主要集中在甘肃、河南、河北和四川 4 省，合计储量占全国铂矿资源储量的 91.5%。

表 5-1-1　2015—2016 年世界及主要产地铂矿产量

国　　家	矿产量 / 千克	
	2015 年	2016 年
美　　国	3670	3900
加拿大	7600	9000
俄罗斯	22000	23000
南　　非	139000	120000
津巴布韦	12600	13000
其他国家	4000	3400
世界产量	188870	172300

数据来源：Mineral Commodity Summaries

产量的 98.2%。剩余国家产量总计为 3.4 吨（表 5-1-1）。中国铂金产量极低，由此可见高度依赖进口的格局没有改变。

2. 储量

美国地质调查局（2017）数据显示，2016 年，世界铂族金属储量为 6.70 万吨。从国别看，世界铂族金属资源主要集中在南非（6.30 万吨）；其余国家的资源量，津巴布韦为 1200 吨，俄罗斯为 1100 吨，美国为 900 吨，加拿大为 310 吨，这些国家铂族金属储量合计占世界总储量的

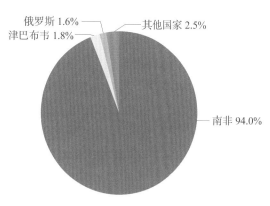

图 5-1-3　2016 年世界铂族金属储量分布

数据来源：Mineral Commodity Summaries

四、高技术指标[1]

1. 共伴生

铂矿体主要富集于岩体基性程度高的部位。铂矿物主要为天然合金，以粗铂矿、铁铂矿、暗锇铱矿、铱锇矿等与铬铁矿密切伴生。铬尖晶石的特征是高铁，并常有磁铁矿伴生。

铂族矿物与铬铁矿共生，但发育有砷、硫、碲、铋等组分。在这种情况下，铂族矿物多呈砷、硫化物和碲、铋化物，铂族元素由钌、锇、铱为主变为以铂、钯为主。铂矿物的分布主要受硫化物支配，故其特点与铜镍硫化物型矿床相似。

2. 可替代性

在大多数汽油引擎催化剂的转换器中，稍廉价的钯可以用来代替铂。在柴油催化转化器中约 25% 的钯可以常规替代铂，在一些应用中该比例可以高达 50%。对于一些工业终端用途，一个铂族金属元素可以代替另一个，但效率会有部分损失。

五、市场应对指标

1. 进口价格

2008 年后，铂进口价格出现较大波动，2011 年初，中国铂（未锻造铂）进口单价最高达 57256.6 美元 / 千克。随后开始回落，2016 年 1 月最低价格为 27936.0 美元 / 千克。2017 年 9 月进口平均价格为 32302.7 美元 / 千克（图 5-1-4）。

2. 进口数量和产地

2016 年，中国铂（未锻造、半制成或粉末状）的进口量为 72.6 吨，进口额为 15.7 亿美元。中国铂的进口量主要来自南非（图 5-1-5）。

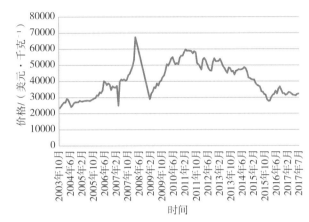

图 5-1-4 2003 年 10 月—2017 年 7 月进口未锻造铂价格

数据来源：作者根据相关资料计算得出

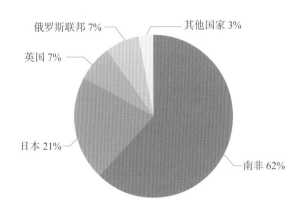

图 5-1-5 2016 年中国铂（未锻造、半制成或粉末状）主要进口来源国家及其占比

数据来源：中国海关信息网

---

[1] 高技术指标即生态友好型技术指标，下同。

第二节 钯

一、概述

钯（Palladium），元素符号为 Pd，是元素周期表第五周期Ⅷ族铂系的成员，分子量为 106.42，原子序数 46。钯是 1803 年英国化学家、物理学家沃拉斯顿首先从粗铂中成功分离出来的。

钯金外观银白色，密度为 12.02 克 / 厘米³，熔点为 1554℃，沸点为 2970℃，有良好的延展性和可塑性，能用于锻造、压延和拉丝。块状金属钯能吸收大量氢气，使体积显著胀大，变脆乃至破裂成碎片，是航空航天等高科技领域及汽车制造业不可或缺的关键材料。

钯的主要化合物为二氯化钯（$PdCl_2$）、四氯钯酸钠（Na_2PdCl_4）和二氯四氨合钯（$PdN_4H_{12}Cl_2$）。钯化学性质不活泼，常温下在空气和潮湿环境中稳定，加热至 800℃，表面形成一氧化钯薄膜。钯能耐氢氟酸、磷酸、高氯酸、盐酸和硫酸蒸气的侵蚀，但易溶于王水和热的硫酸及浓硝酸。熔融的氢氧化钠、碳酸钠、过氧化钠对钯有腐蚀作用。钯的氧化态为 +2、+3、+4。钯容易形成配位化合物，如 $K_2[PdCl_4]$、$K_4[Pd(CN)_4]$ 等。其晶体结构晶胞为面心立方晶胞，每个晶胞含有 4 个金属原子。

二、用途

1. 在能源部门的用途

如今，全球至少 85% 的新产汽车配备了催化剂，平均每辆汽车使用 10 克铂族金属（PGM），目的是帮助减少一氧化碳、未燃尽的碳氢化合物和氧化氮的排放。钯在汽车催化剂中有较好的效果，但柴油中的硫含量和柴油尾气系统的高氧化条件使其在柴油车中无法大范围应用。然而在近几年，随着柴油燃料的硫含量显著减少并且在 2005 年钯铂催化剂进入市场，之前遇到的问题已经得到改善。越来越多地使用柴油机微粒过滤器也提高了钯的需求量，因为清洁过滤器所需要的高排气温度依靠添加金属来稳定催化剂中的钯，进而阻止其烧结到大且无效的颗粒。钯的一个潜在主要需求是研究者们希望制造新的低温燃料电池，在这种电池中，相对便宜的钯会取代昂贵的铂。

2. 在非能源部门的用途

钯的化学稳定性和传导性使之成为电子元件中触点镀层上的金的有效替代品。钯替代铂的催化性能被用于炼油和化学工业中，以及硝酸和聚酯产品的加工处理。钯同样用于牙科和珠宝中。

据 BP 公司数据，具体分析钯的应用现状，自动催化剂占 61%，化学品占 14%，电力占 11%，其他占 14%（图 5-2-1）。

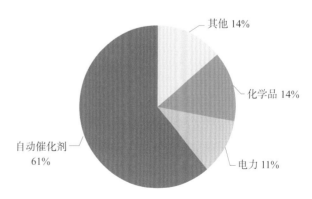

图 5-2-1　钯的应用现状
数据来源：BP公司

三、供应风险指标

1. 世界总产量和中国产量

2016 年，世界钯金矿产量为 207.8 吨，与 2015 年相比降幅不大（图 5-2-2）。钯矿主要集中在美国、加拿大、俄罗斯、南非和津巴布韦 5 国，其产量分别为 13.2 吨、23 吨、82 吨、73 吨和 10 吨，上述 5 国产量合计占世界总产量的 96.7%（表 5-2-1）。与铂金一样，中国钯金产量也极低，对钯金的需求也依赖进口。

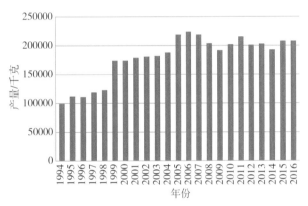

图 5-2-2　1994—2016 年世界钯产量
数据来源：Mineral Commodity Summaries

表 5-2-1　2015—2016 年世界及主要产地钯产量

国　　家	产量 / 千克	
	2015 年	2016 年
美　国	12500	13200
加拿大	21000	23000
俄罗斯	81000	82000
南　非	83000	73000
津巴布韦	10000	10000
其他国家	8300	6600
世界总量	215800	207800

数据来源：Mineral Commodity Summaries

2. 储量

美国地质调查局（2017）数据显示，2016 年，世界铂族金属储量为 6.70 万吨。从国别看，世界铂族金属资源主要集中在南非（6.30 万吨）；其余国家中，津巴布韦的资源量为 1200 吨，俄罗斯为 1100 吨，美国为 900 吨，加拿大为 310 吨。这些国家铂族金属总储量合计占世界总储量的 99.3%（图 5-2-3）。

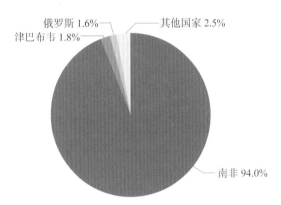

图 5-2-3　2016 年世界铂族金属储量分布
数据来源：Mineral Commodity Summaries

数据显示，2016 年全球钯矿储量为 10841 吨（已证实经济可采的金属量），其中，俄罗斯钯矿储量占 52%，南非钯矿储量占 40%。

钯是我国短缺矿产资源之一。截至 2016 年年底，我国所查明钯矿资源主要集中在甘肃、河南、新疆 3 省（自治区），合计储量占全国钯矿资源储量的 83.1%。

四、高技术指标

1. 环境影响

研究认为，随着铂族金属铂、钯、铑被广泛应用于汽车尾气催化净化器中，这 3 种金属在自然界中的含量逐渐升高。铂族金属曾被认为是对环境影响较小的金属，但的确会带来潜在的生态风险和健康风险。

2. 共伴生

钯金主要以银金矿独立矿物存在，与铜的硫化物密切依存。中国铂族金属主要产于铜镍硫化物矿床，均属伴生矿产，有少量砂矿床，主要矿床有甘肃金川白家嘴子、云南弥渡金宝山、新疆富蕴喀拉通克等。近年来，由于没有查明新的矿产地，储量呈下降趋势。

五、市场应对指标

1. 进口价格

2014 年初，中国钯（未锻造钯，钯粉）单价最高达 25590.5 美元 / 千克，之后有回落趋势。2016 年 3 月，最低价格为 16635.1 美元 / 千克。2017 年 8 月的进口平均价格为 23860 美元 / 千克（图 5-2-4）。

2. 进口数量和产地

2016 年，中国钯（未锻造钯，钯粉）进口量为 18.8 吨，进口总额为 3.46 亿美元；进口产地主要为南非，从南非进口量为 8 吨，占进口总量的 44%（图 5-2-5）。

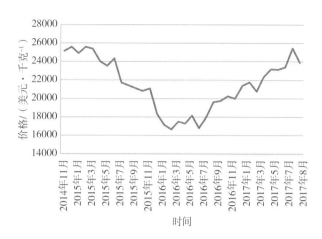

图 5-2-4 2014 年 11 月—2017 年 8 月中国钯
（未锻造钯，钯粉）进口价格
数据来源：作者根据相关资料计算得出

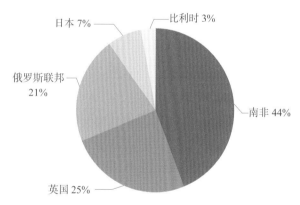

图 5-2-5 2016 年中国钯（未锻造钯，钯粉）
主要进口国家及其占比
数据来源：中国海关信息网

第三节 锑

一、概述

锑（Antimony），元素符号为 Sb，原子序数 51，相对原子质量为 121.76，有 4 种同素异形体，即灰锑、黑锑、黄锑和爆炸性锑，后 3 种不稳定，在工业上用途较少。

常见的金属锑是灰锑。锑为银白色硬而脆的结晶固体（常制成棒、块、粉等多种形状），有鳞片状晶体结构，是电和热的不良导体；密度6.697克/厘米³，熔点630℃，沸点1635℃，莫氏硬度为3。

锑的化学性质稳定，不溶于水，在空气中不氧化，加热熔化后极易放出三氧化二锑白烟。

二、用途

1. 60%的锑用于生产阻燃剂

锑的氧化物三氧化二锑可以用于制造耐火材料。三氧化二锑形成锑的卤化物的过程可以减缓燃烧，这是锑具有阻燃效应的原因。商业阻燃剂应用于儿童服装、玩具、飞机和汽车座套，也用于玻璃纤维复合材料（俗称"玻璃钢"）工业中聚酯树脂的添加剂，如轻型飞机的发动机盖。树脂遇火燃烧，但火被扑灭后它的燃烧就会自行停止。

2. 20%的锑用于制造电池中的合金材料、滑动轴承和焊接剂

锑能与铅形成用途广泛的合金，这种合金的硬度与机械强度相比锑都有所提高。大部分使用铅的场合加入数量不等的锑来制成合金。在铅酸电池中，这种添加剂改变电极性质，并能减少放电时副产物氢气的生成。锑也用于减摩合金（如巴比特合金）、子弹、铅弹、网线外套、铅字合金、焊料、铅锡锑合金及硬化制作管风琴的含锡较少的合金。

3. 20%的锑用于制造稳定剂、催化剂、澄清剂和颜料

锑是生产聚对苯二甲酸乙二酯的稳定剂和催化剂。锑是去除玻璃中显微镜下可见气泡的澄清剂，主要用途是制造电视屏幕，这是因为锑离子与氧气接触后阻碍气泡继续生成。锑还可以用作颜料。

锑在半导体工业中的应用正不断发展，主要是在超高电导率的n-型硅晶圆中用作掺杂剂，这种材料用于生产二极管、红外线探测器和霍尔效应元件。锑化铟是用于制作中红外探测仪的材料。

三、供应风险指标

1. 世界总产量和中国产量

2016年，世界锑资源产量13万吨（金属含量，下同），较上年减少1.2万吨。主要的锑资源生产国包括中国（10万吨）、俄罗斯（0.9万吨）、塔吉克斯坦（0.8万吨），上述3国锑产量合计占世界锑总产量的90.0%（图5-3-1，图5-3-2）。

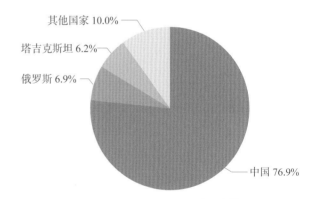

图 5-3-1　2016 年世界锑生产情况

数据来源：Mineral Commodity Summaries

2. 储量和储产比

2016年，世界锑资源储量为150.5万吨，储产比11.54。从国别看，世界锑资源主要集中在澳大利亚、玻利维亚、中国、墨西哥、俄罗斯、南非、塔吉克斯坦这7个国家。其中，中国的资源量53万吨、俄罗斯35万吨、玻利维亚31万吨、澳大利亚16万吨，其锑资源储量合计占世界总量的90%（表5-3-1；图5-3-3）。

中国锑矿主要分布在湖南、广西、西藏、云南、贵州和甘肃，6省（自治区）查明资源储

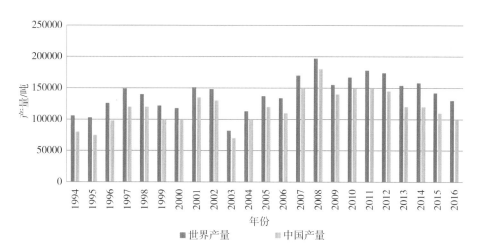

图 5-3-2　1994—2016 年世界和中国锑产量
数据来源：Mineral Commodity Summaries

表 5-3-1　2016 年世界锑资源储量

国　家	储量/万吨
美　国	6
澳大利亚	16
玻利维亚	31
中　国	53
墨西哥	1.8
俄罗斯	35
南　非	2.7
塔吉克斯坦	5
世界总量	150.5

数据来源：Mineral Commodity Summaries

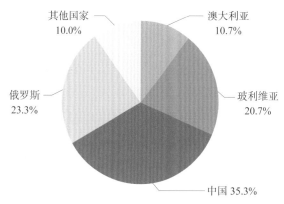

图 5-3-3　2016 年世界锑储量分布
数据来源：Mineral Commodity Summaries

量合计占全国总查明资源储量的 87.2%。锑资源储量最大的省份是湖南。

四、高技术指标

1. 环境影响

锑及其多种化合物有毒，吸入锑灰也对人体有害，有时甚至是致命的危害。锑矿的开采、冶炼及矿物燃料的燃烧都会使锑以蒸汽或粉尘的形式进入大气。另外，矿区含锑的矿石被流水侵蚀、工业废水排放、大气锑尘随雨雪降落或自然沉降，都会引起水中锑含量增加。当水体中锑浓度达到 12 毫克/升时，就会对鱼类的生长和生存产生明显影响。

2. 共伴生

根据中国锑矿床物质成分特点，有以锑为主的单一矿床，但更多的是多组分共伴生矿床，与金、汞、钨等共伴生。自然界中的锑主要存在于硫化物矿物辉锑矿中，而辉锑矿经常与辰砂密切共伴生，形成锑汞矿床。

3. 可替代性

锑的可替代性主要体现在三方面：一是有机化合物和水合氧化铝可作为锑制阻燃剂的替代品；二是铬、锡、钛、锌和锆的化合物可代替锑在搪瓷、油漆和颜料中的应用；三是钙、铜、硒、硫和锡的混合物是铅酸蓄电池合金的替代品。

4. 回收利用

再生锑大部分是从铅冶炼厂的铅锑合金中回收的，其中大部分由铅酸蓄电池行业产生。目前，再生锑占消费总量的比例尚不足 5%，回收利用前景广阔。

五、市场应对指标

1. 进口价格

中国其他锑矿砂及其精矿进口平均单价波动剧烈，2017 年以来呈上涨趋势，最近月度价格为 2414.8 美元 / 吨（图 5-3-4）。

2. 进口数量和产地

2016 年，中国锑矿砂及其精矿进口量为 5.40 万吨，比上年增加 26.46%；进口金额 1.06 亿美元，比上年减少 0.83%。进口产地主要为塔吉克斯坦和澳大利亚，进口量分别为 2.58 万吨和 1.22 万吨，分别占进口总量的 47.8% 和 22.6%（图 5-3-5）。

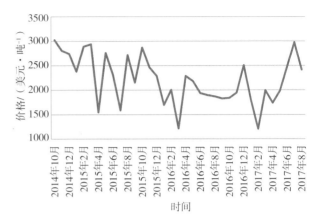

图 5-3-4　2014 年 10 月—2017 年 8 月中国其他锑矿砂及其精矿进口平均单价

数据来源：作者根据相关资料计算得出

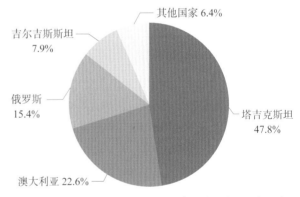

图 5-3-5　2016 年中国锑矿砂及其精矿进口来源国家及占比

数据来源：中国海关信息网

第四节　铝

一、概述

铝（Aluminum），元素符号为 Al，在元素周期表中属 III$_A$，原子序数 13。相对原子质量 26.98154，常见化合价为 +3。铝在地壳中的含量仅次于氧和硅，位列第三，是地壳中含量最丰富的金属元素。

铝是一种轻金属，外观呈白色金属光泽，

具有密度小、熔点低、沸点高、电阻率小、导热性好、反光能力强、无磁性、伸长率好、易于加工、再生利用率高及可同多种金属构成合金的良好特性。

铝是活泼金属。铝与氧气反应生成三氧化二铝，其生成热很大，相当于 –31 千焦 / 克。铝粉容易着火燃烧，可用作生产点火的原料。铝与非金属反应，在 2000℃ 下易与碳反应生成 Al_4C_3。铝与三价卤化物反应可生成一价卤化物，与热水发生置换反应，在高温下可还原其他金属氧化物。铝与酸反应，在常温下浓硫酸和浓硝酸可使铝钝化；铝还可与盐酸和稀硫酸发生置换反应，生成盐并放出氢气。

二、用途

铝是世界上应用最为广泛的金属之一。目前，铝的应用主要有两个方面。

1. 在能源部门的用途

铝的导电性仅次于银、铜和金，虽然它的导电率只有铜的 2/3，但其密度只有铜的 1/3，所以输送同量的电，铝线的质量只有铜线的一半。铝表面的氧化膜不仅有耐腐蚀的能力，而且有一定的绝缘性，所以，铝在电线电缆工业和无线电工业中有着广泛的应用。

2. 在非能源部门的用途

铝的密度很小，虽然它比较软，但可制成各种铝合金，如硬铝、超硬铝、防锈铝、铸铝等，这些铝合金广泛应用于飞机、汽车、火车、船舶等制造工业。此外，宇宙火箭、航天飞机、人造卫星也使用大量的铝及其合金。铝具有热的良导体、良好延展性、银白色光泽、在氧气中燃烧能放出大量的热和耀眼的光、吸音等种种优良的性质，使得铝在轻工业中得到极为广泛的应用。

从趋势上看，电解铝与加工企业相互延伸，

高速列车车体型材成功应用在中国自主知识产权的 300 千米 / 小时列车上，工业型材、高档节能型建筑型材产品比例增加，各种新技术在铝加工生产中得到应用，值得关注。

三、供应风险指标

1. 世界总产量和中国产量

2016 年，世界铝土矿产量为 2.71 亿吨，同比减少 5.5%。铝土矿生产主要来自澳大利亚、中国、巴西、几内亚、印度、牙买加和马来西亚 7 个国家，其产量分别为 8215.2 万吨、6500.0 万吨、3245.1 万吨、2760.5 万吨、2421.9 万吨、854.0 万吨和 766.4 万吨，以上 7 国的铝土矿产量合计占世界总产量的 91.3%，其中澳大利亚产量占世界总产量的 30.3%，中国产量占世界总产量的 24.0%（表 5-4-1）。

表 5-4-1　2015—2016 年世界及主要产地铝土矿产量

国　家	产量 / 万吨	
	2015 年	2016 年
澳大利亚	8091.0	8215.2
中　国	6500.0	6500.0
巴　西	3480.6	3245.1
几内亚	1811.4	2760.5
印　度	2638.3	2421.9
牙买加	962.9	854.0
马来西亚	2418.7	766.4
其　他	2803.8	2372.3
世界总计	28706.7	27135.4

数据来源：World Metal Statistics Yearbook

2. 储量和储产比

世界铝土矿储量约为 280 亿吨，储产比高达 486。铝土矿主要分布在非洲（32%）、大洋洲（23%）、南美及加勒比海地区（21%）、亚洲（18%）

及其他地区（6%）。从国家分布来看，铝土矿主要分布在几内亚、澳大利亚、巴西、中国、希腊、圭亚那、印度、印尼、牙买加、哈萨克斯坦、俄罗斯、苏里南、委内瑞拉、越南等国家。其中，几内亚（已探明铝土矿储量 74 亿吨）、澳大利亚（已探明铝土矿储量 65 亿吨）和巴西（已探明铝土矿储量 26 亿吨）这 3 个国家已探明储量约占全球铝土矿已探明总储量的 60%（图 5-4-1）。美国地质调查局（2017）认为，世界铝的资源量为550 亿～ 750 亿吨，可以满足世界未来的需求。

中国铝矿、铝矾土资源储量分布较为集中，主要分布在山西、贵州、广西和河南 4 省（自治区）。

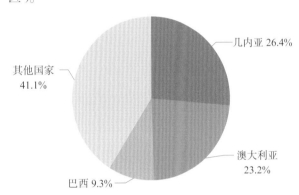

图 5-4-1　2016 年世界铝土矿储量分布
数据来源：Mineral Commodity Summaries

四、高技术指标

1. 环境影响

铝材是生产过程中环境污染最大的金属材料之一。铝电解生产过程中产生大量的温室效应气体二氧化碳和全氟化碳（主要是 CF_4 和少量的 C_2F_6），散发有害气体（氟化氢和二氧化硫）、粉尘（含氟粉尘、氧化铝和碳粉）和沥青挥发份（苯并芘）等有害物质，这些废物如果得不到有效处理，将产生严重的环境和生态问题。在铝电解烟气中，氟化氢是最主要的污染物，因此，检测烟

气中氟化氢的含量是判断电解铝厂排放是否达标的重要标准之一。

2. 可替代性

美国地质调查局资料显示，飞机机身和机翼中的铝可以用复合材料来替代，铝质包装可以用玻璃、纸、塑料和钢替代，地面运输用途的铝可以用镁、钢和钛来替代，建筑中的铝可以用复合材料、钢、乙烯基和木材代替，电气和热交换应用中的铝可以用铜来替代。

3. 回收利用

再生铝与原铝生产相比，对铝性能无影响，复化重熔时的氧化损失也不过 2%～ 3%，每一次循环再生可节约 95% 左右的能源，并减少相应的二氧化碳排放量，这对低碳经济和生态文明建设有着巨大的意义。目前，中国再生铝约占消费总量的 10%，铝回收利用前景广阔。

五、市场应对指标

2014 年 10 月，中国铝土矿进口平均单价为57.8 美元 / 吨，2015 年 1 月小幅上涨至 59.1 美元 / 吨后，价格稳定在 50 美元 / 吨左右，2017年 8 月平均单价为 51.4 美元 / 吨（图 5-4-2）。

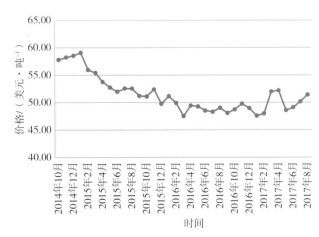

图 5-4-2　2014 年 10 月—2017 年 8 月中国铝土矿进口价格
数据来源：作者根据相关资料计算得出

2016 年，中国铝土矿进口量为 5171.8 万吨，进口国主要为澳大利亚、几内亚、马来西亚、巴西和印度等，进口量分别为 2130.0 万吨、1188.9 万吨、741.6 万吨、439.9 万吨和 452.8 万吨（图 5-4-3）。

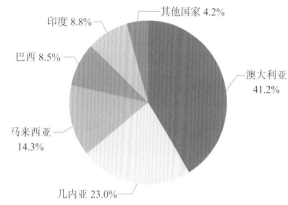

图 5-4-3　2016 年中国铝土矿主要进口国家及其占比
数据来源：作者根据相关资料计算得出

第五节　重晶石

一、概述

重晶石系硫酸盐矿物，是以硫酸钡（$BaSO_4$）为主要成分的非金属矿产品，是自然界分布最广的含钡矿物。纯重晶石显白色，玻璃光泽，由于杂质混入的影响也常呈灰色、浅红色、浅黄色等，结晶情况较好的重晶石还可呈透明晶体。重晶石中的钡被锶完全类质同象代替，可形成天青石。

重晶石密度一般为 4.50 克／厘米^3，莫氏硬度 3 ～ 3.5，比重 4.5，熔点 1580℃，硫酸钡含量 98%，细度 60 ～ 1250；正交（斜方）晶系，常呈厚板状或柱状晶体，多为致密块状或板状、粒状集合体，主要形成于中低温热液条件下。

重晶石化学性质稳定，不溶于水和盐酸，无磁性和毒性。

二、用途

重晶石是一种重要的非金属矿物原料，具有广泛的工业用途。

1. 用作钻井泥浆加重剂

大部分重晶石作为油气井旋转钻探中的环流泥浆加重剂使用。一般来说，使用钻井的泥浆与黏土的比重要在 2.5 左右。如果泥浆的比重过低，就有可能引发井喷事故，而在泥浆中加入重晶石粉是增加泥浆比重的有效措施。钻井泥浆所用重晶石要求比重大于 4.2，$BaSO_4$ 含量不低于 95%，可溶性盐类含量小于 1%。

2. 用于生产锌钡白颜料

锌钡白是一种常用的优质白色颜料，可作为油漆、绘画颜料的原料。制取锌钡白的重晶石，要求 $BaSO_4$ 含量大于 95%，同时应不含有可见的有色杂物。

3. 用于生产各种钡化合物

以重晶石为原料可以制造氧化钡、碳酸钡、氯化钡、硝酸钡、沉淀硫酸钡、氢氧化钡等化工原料。

4. 用于陶瓷工业

陶瓷工业约占硫酸钡销售市场的 25%。在建筑陶瓷中，碳酸钡用于结合陶瓷原料中的溶性硫酸，能防止砧瓦脱色和燃烧体表面的风化；碳酸钡添加到釉料混合物中并在溶化过程中转化为氧化钡，可改善釉料的硬度和光泽，继而改善其耐磨损性；碳酸钡添加到搪瓷中可改进其耐腐性和风化强度。

5. 用于填料工业

在油漆工业中，重晶石粉填料可以增加漆膜厚度、强度及耐久性。锌钡白颜料也用于制造白色油漆，在室内使用比铅白、镁白具有更多的优点。在造纸工业、橡胶和塑料工业中也用重晶石作填料，这种填料能提高橡胶和塑料的硬度、耐磨性及耐老化性。

6. 用于水泥工业

用重晶石制作钡水泥、重晶石砂浆和重晶石混凝土，用以代替金属铅板屏蔽核反应堆和建造科研及医院防 X 射线的建筑物。

7. 用于道路建设

橡胶和含约 10% 重晶石的柏油混合物是一种耐久的铺路材料。重型道路建设设备的轮胎部分填充重晶石，以增加重量，利于填方地区的夯实。

8. 其他用途

重晶石可与油料调和后涂于布基上制造油布；重晶石粉用来精制煤油；在医药工业中做消化道造影剂；还可制农药、制革、制焰火等。此外，重晶石还用作提取金属钡，用作电视和其他真空管的吸气剂、黏结剂。钡可与其他金属（铝、镁、铅、钙）制成合金，用于轴承制造。

三、供应风险指标

1. 世界总产量和中国产量

2016 年，世界重晶石资源产量为 714 万吨，与上年基本持平。主要的重晶石资源生产国为中国（280 万吨）、印度（100 万吨）和摩洛哥（70

万吨），这 3 个国家的重晶石资源产量占世界总产量的 63%（表 5-5-1；图 5-5-1）。

表 5-5-1　2015—2016 年世界及主要产地重晶石产量

国　家	产量 / 万吨	
	2015 年	2016 年
美　国	42.5	31.6
中　国	300	280
印　度	70	100
伊　朗	30	40
哈萨克斯坦	30	30
摩洛哥	100	70
土耳其	30	25
其他国家	138.5	137.4
世界总产量	741	714

数据来源：Mineral Commodity Summaries

2. 储量和储产比

2016 年，世界重晶石资源探明可采储量超过 3.2 亿吨，储产比 44.82，相较于 2015 年探明可采储量减少 0.6 亿吨。从国别看，世界重晶石资源集中在哈萨克斯坦、土耳其、印度、中国等地。其中，哈萨克斯坦的重晶石资源量为 0.85 亿吨，土耳其为 0.35 亿吨，印度为 0.32 亿吨，中国为 0.3 亿吨（表 5-5-2；图 5-5-2）。针对用于石油天然气钻探行业的 4.2 型重晶石储量逐年减少的问题，美国石油组织于 2010 年发布了关于 4.2 型重晶石的规范，这有可能刺激全球重晶石资源的勘探和扩张。

重晶石属于不可再生资源，是中国出口的优势矿产品之一，广泛用作石油、天然气钻探泥浆的加重剂，在钡化工、填料等领域的消费量也在逐年增长。中国重晶石资源相当丰富，分布于 21 个省（自治区）。其中以广西为最多，其次是湖南、陕西、贵州、甘肃、湖北、福建、山东等省份。

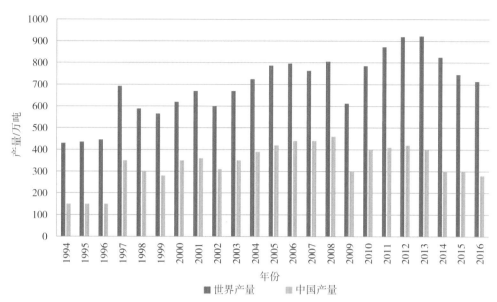

图 5-5-1　1994—2016 年世界和中国重晶石产量

数据来源：Mineral Commodity Summaries

表 5-5-2　2016 年世界重晶石资源储量

国　家	储量 / 万吨
中　国	3000
印　度	3200
伊　朗	2400
哈萨克斯坦	8500
巴基斯坦	1400
俄罗斯	1200
泰　国	1800
土耳其	3500
其他国家	7000
世界总量	32000

数据来源：Mineral Commodity Summaries

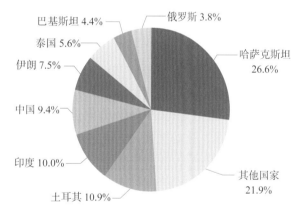

图 5-5-2　2016 年世界重晶石储量分布

数据来源：Mineral Commodity Summaries

全国重晶石主要矿产地有 50 多处，大型矿床多集中于南方，北方较少。在现有的产地中，近一半是重晶石与其他矿产伴生，局部选矿困难，富矿少，而且有相当一部分矿床位于交通不便的地区。

四、高技术指标

1. 环境影响

对于地下开采的重晶石矿，矿坑内排出的废水经检测后若水质无毒无害，则不用专门处理可自由排放。但生产钡盐排出的"三废"均含有毒成分，对环境污染严重，必须加以治理。

2. 共伴生

重晶石是钡的最常见矿物，多产于低温热液矿脉中，如石英—重晶石脉、萤石—重晶石脉等，常与方铅矿、闪锌矿、黄铜矿、辰砂等共生。对于残积型矿石，优先选用重选方法，而沉积型矿石以及与硫化矿、萤石等伴生的热液型矿石，除重选外还可采用浮选方法。

3. 可替代性

在钻井泥浆加重剂市场，重晶石的替代品包括天青石、钛铁矿、铁矿及人工合成的赤铁矿。但是由于这些替代品的性价比不高，并不能对重晶石钻井泥浆市场产生重大影响。

4. 回收利用

目前，80% ~ 90% 的重晶石粉用于石油钻井中的泥浆加重剂。因此，从钻井液中回收重晶石具有很大的潜力。

五、市场应对指标

1. 出口价格

2014—2017 年，中国天然硫酸钡（重晶石）出口平均单价基本维持在 100 ~ 150 美元 / 吨的水平，2017 年 9 月的价格为 93.6 美元 / 吨（图 5-5-3）。

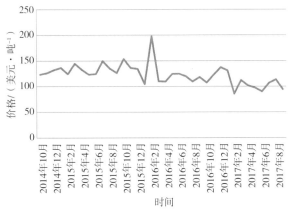

图 5-5-3　2014 年 10 月—2017 年 8 月中国天然硫酸钡（重晶石）出口平均单价

数据来源：作者根据相关资料计算得出

2. 进口数量和产地

2016 年，中国天然硫酸钡（重晶石）进口量为 4388.26 吨，比 2015 年减少 34.9%。进口金额为 119.88 万美元，比 2015 年增加 29.4%。进口产地主要为朝鲜，进口量为 2753.72 吨，占进口总量的 62.8%（图 5-5-4）。

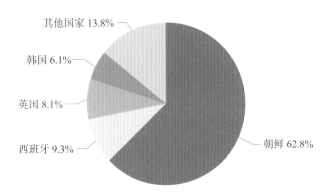

图 5-5-4　2016 年中国天然硫酸钡（重晶石）进口来源国家及其占比

数据来源：中国海关信息网

2016 年，中国天然硫酸钡（重晶石）出口量为 159.56 万吨，同比减少 23.2%。出口金额为 18558.97 万美元，同比减少 32.4%。主要向美国、沙特阿拉伯、荷兰等地出口，出口量分别占总量的 38.6%、35.7%、9.8%（图 5-5-5）。

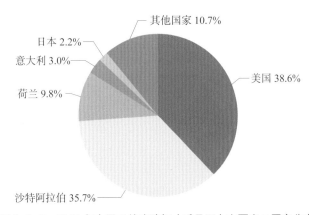

图 5-5-5　2016 年中国天然硫酸钡（重晶石）主要出口国家分布

第六节　铍

一、概述

铍（Beryllium），元素符号为 Be，是第 2 周期 II$_A$ 族元素，原子序数 4，原子量 9.02。致密状的金属铍外观呈银灰色。铍的主要矿物有绿柱石、硅铍石和金绿宝石。

铍的硬度比同族金属高。天然铍有三种同位素：^{7}Be、^{8}Be、^{9}Be。铍熔点 1289℃，沸点 2970℃，密度 1.85 克 / 厘米^3，是最轻的碱土金属元素。

铍的化学性质活泼，能形成致密的表面氧化保护层，即使在红热时，铍在空气中也很稳定。铍不溶于冷水，微溶于热水，可溶于稀盐酸、稀硫酸和氢氧化钾溶液而放出氢。铍能与稀酸反应，也能溶于强碱，表现出两性。铍的氧化物、卤化物都具有明显的共价性，铍的化合物在水中易分解，铍还能形成聚合物及具有明显热稳定性的共价化合物。

二、用途

20 世纪 40 年代前，铍用作 X 光窗和中子源等；从 20 世纪 40 年代中期到 60 年代初，主要用于原子能领域，如利用铍能使中子增殖作试验反应堆的反射层、减速剂和核武器部件等。1956 年，惯性导航系统首次使用铍陀螺，开辟了铍应用的重要领域。20 世纪 60 年代起，铍的主要用途转入航天与航空领域，用于制造飞行器的部件。

在冶金工业中，含铍 1% ～ 3.5% 的青铜叫做铍青铜，机械性能比钢好，且抗腐蚀性好，还有很高的导电性，被用来制造手表里的游丝、高速轴承、海底电缆等。含有一定数量镍的铍青铜受撞击时不产生火花，可制作石油、矿山工业专用的凿子、锤子、钻头等，可以防止火灾和爆炸事故。含镍的铍青铜不受磁铁吸引，可制造防磁零件。工业用铍大部分以氧化铍形态用于铍铜合金的生产，小部分以金属铍形态被应用，另有少量用作氧化铍陶瓷等。

三、供应风险指标

1. 世界总产量和中国产量

2016 年，世界铍产量为 216 吨，相比 2015 年略有下降。其中，中国铍产量为 20 吨，与 2015 年持平，占世界总产量的 9.1%。美国是最大的铍生产国，其产量占世界铍产量比例为 88.0%；马达加斯加有 5 吨的铍产量，其他国家共计 1 吨铍产量（表 5-6-1；图 5-6-1）。

表 5-6-1　2015—2016 年世界及主要产地铍产量

国　家	产量 / 吨	
	2015 年	2016 年
美　国	205	190
中　国	20	20
马达加斯加	5	5
其他国家	1	1
世界总产量	231	216

数据来源：Mineral Commodity Summaries

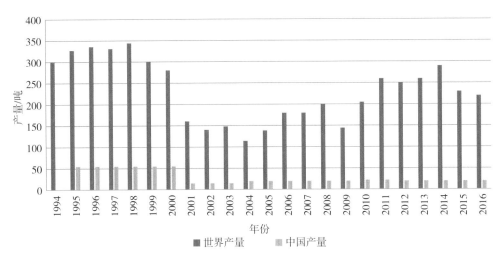

图 5-6-1　1994—2016 年世界和中国铍产量

数据来源：Mineral Commodity Summaries

2. 储量

全球已探明铍资源量逾 10 万吨，60% 的铍资源为非花岗结晶岩矿，分布在美国。其中，犹他州的黄金山和斯波尔山地区，以及阿拉斯加州西部的苏华德半岛，是美国铍资源集中分布的地区。

中国铍资源分布主要集中在新疆、四川、云南、内蒙古 4 省（自治区），已探明的铍储量以伴生矿产为主，主要与锂、钽铌矿伴生（占48%），其次与稀土矿伴生（占 27%）或与钨伴生（占 20%），此外尚有少量与钼、锡、铅锌及非金属矿产相伴生，但规模很小，所占储量不及总储量的 1%。

四、高技术指标

1. 环境影响

铍及其化合物对人体有毒害，属毒性巨大的元素之一。铍的化合物如氧化铍、氟化铍、氯化铍、硫化铍、硝酸铍等毒性较大，而金属铍的毒性相对较小。铍作业的工业卫生和环境保护必须符合安全标准。

2. 共伴生

铍以伴生矿的产出居多，因而矿床类型繁多，但主要有 3 类：一是含绿柱石花岗伟晶岩矿床，分布甚广，主要产地在巴西、印度、俄罗斯和美国。二是凝灰岩中羟硅铍石层状矿床，属近地表浅成低温热液矿床。美国犹他州斯波尔山矿床是该类矿床的典型代表，氧化铍（BeO）探明储量 7.5 万吨，品位高（BeO 0.5%），矿山年产铍矿石 12 万吨，美国铍资源几乎全部来自该矿。三是正长岩杂岩体中含硅铍石稀有金属矿床，目前仅有在加拿大西北地区发现的索尔湖矿床，已经计划开发利用。

3. 可替代性

在工业生产应用中，某些金属基体或有机复合材料、高强度的铝、热解石墨、碳化硅、钢或钛可以代替铍金属或铍复合材料。含镍、硅、锡、钛或其他合金元素的铜合金或磷青铜合金可以替代铍铜合金，但这些替代可能导致其性能显著下降。氮化铝或氮化硼可以替代氧化铍。

4. 回收利用

在铍制品和废旧材料生产过程中产生的新

废料中可以回收铍，回收利用的铍占铍总消耗量的 20%～25%。美国著名的铍生产商建立了一个全面的回收计划，可回收铍合金废料中约 40% 的铍。用回收原料制造的铍只需要消耗从矿产中制造铍的 20% 的能源，因此，回收利用前景看好。

五、市场应对指标

上海有色金属现货价格显示，进口含铍 3%～3.6% 的铍铜合金价格如图 5-6-2 所示。2017 年 9 月以来价格呈现上涨态势，10 月价格约为 13.6 万元/吨。

2016 年 10 月至 2017 年 9 月，中国从哈萨克斯坦、美国、法国共进口未锻轧铍粉末 2017 千克，平均价格 733 美元/千克。从哈萨克斯坦进口未锻轧铍粉末 2016 千克，进口金额占比为 92.5%；从美国和法国共进口 1 千克（图 5-6-3）。

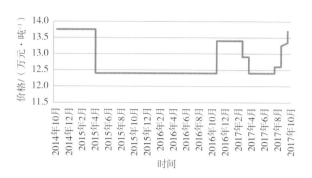

图 5-6-2　2014 年 10 月—2017 年 10 月中国进口
铍铜合金价格走势

数据来源：上海有色金属现货价格

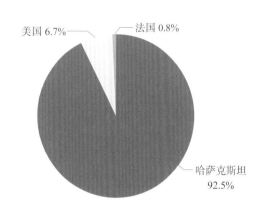

图 5-6-3　2016 年中国进口未锻轧铍粉总金额分布

数据来源：中国海关信息网

第七节　铋

一、概述

铋（Bismuth）是一种金属元素，元素符号为 Bi，原子序数 83。铋在地壳中的含量不高，自然界中铋以单质和化合物两种状态存在。

铋的密度为 9.8 克/厘米³，熔点为 271.3℃，沸点为 1560℃。铋有金属光泽，呈银白色至粉红白色，性脆，导电和导热性都较差。铋是逆磁性最强的金属，在磁场作用下电阻率增大而热导率降低（除汞外，铋是热导率最低的金属）；铋及其合金具有热电效应，铋的硒化物和碲化物具有半导体性质。

铋被加热到熔点以上时能燃烧，发出淡蓝色的火焰，生成三氧化二铋；铋在红热时可与硫、卤素化合；铋不溶于水，不溶于非氧化性的酸（如盐酸），即使与浓硫酸和浓盐酸也只是在共热时才稍有反应，但能溶于王水和浓硝酸。

二、用途

1. 冶金添加剂

钢中加入微量铋，可改善钢的加工性能；可锻铸铁中加入微量铋，能使可锻铸铁具备类似不锈钢的性能；在铝、镁和青铜中加入铋，可改善其机械加工性能和耐磨性能。

2. 生产金属铋

金属铋主要用于制造易熔合金，熔点范围是 $47 \sim 262\,℃$。最常用的是铋同铅、锡、锑、镉等金属组成的合金，用于生产消防装置、自动喷水器、锅炉的安全塞。

3. 铋的化学品

铋的化学品广泛用于半导体、超导体、阻燃剂、催化剂、颜料、化妆品、化学试剂、电镀、电池及其他方面。

4. 用于电子工业

含铋半导体材料广泛应用于电子工业中，其中应用较为广泛的是 Bi-Te-Se 温差制冷元件。采用多级热电制冷可使温度降至 200 开尔文以下，这在军事、宇航工业、科研实验中大有用武之地。

5. 医药治疗

铋化合物具有收敛、止泻作用，可治疗胃肠消化不良症，碱式碳酸铋和碱式硝酸铋、次橡胶酸铋钾用于制造胃药。外科利用铋药的收敛作用来处理创伤和止血。在放射治疗中，用铋基合金代替铝制造防止患者身体其他部位受到辐射的护板。随着铋类药物的发展，现已发现某些铋类药物具有抗癌作用。

6. 用于核工业

高纯铋（99.999%Bi）用于核工业堆中作载热体或冷却剂，用作防护原子裂变装置材料。

三、供应风险指标

1. 世界总产量和中国产量

2016 年，世界铋矿产量为 10200 吨（金属，下同），比 2015 年减少 100 吨（表 5-7-1；图 5-7-1），主要的铋矿生产国包括中国、越南、墨西哥，其产量分别为 7400 吨、2000 吨、700 吨，上述 3 国产量合计约占世界总产量的 99.0%。

表 5-7-1　2015—2016 年世界及主要产地铋矿产量

国　家	产量 / 吨	
	2015 年	2016 年
中　国	7500	7400
墨西哥	700	700
越　南	2000	2000
其他国家	100	100
世界总量	10300	10200

数据来源：Mineral Commodity Summaries

2. 储量

2016 年，世界铋资源储量为 37 万吨，与 2015 年持平。从国别看，世界铋矿资源集中在中国和越南。其中，中国资源量为 24 万吨，越南为 5.3 万吨；其次是玻利维亚、墨西哥和加拿大，资源量分别为 1 万吨、1 万吨和 0.5 万吨。上述 5 国合计铋资源量约占世界铋资源总量的 86.5%，其他国家合计铋资源储量约占世界铋资源总储量的 13.5%（图 5-7-2）。

中国的铋资源储量集中在湖南、广东和江西，这 3 个省份的储量占全国总储量的 85% 左右。

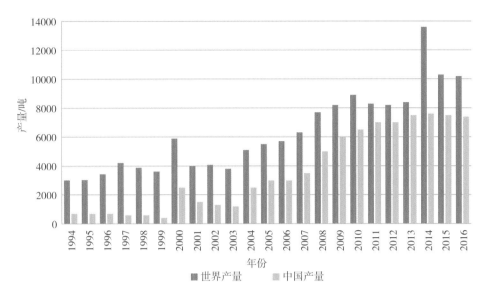

图 5-7-1　1994—2016 年世界和中国铋矿产量

数据来源：Mineral Commodity Summaries

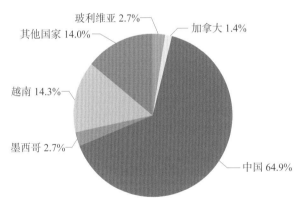

图 5-7-2　2016 年世界铋资源储量分布

数据来源：Mineral Commodity Summaries

四、高技术指标

1. 环境影响

铋属微毒类金属。在生物体内，铋化合物能形成不易溶于水和稀酸的硫化铋，沉淀在组织中或栓塞在毛细血管中，使局部发生溃疡甚至坏死；硝酸铋在肠道内细菌的作用下，可还原为亚硝酸铋，被吸收后会引起高铁血红蛋白血症；严重慢性中毒时，由于铋多存在于肾脏中，可出现严重肾炎，亦可累及肝。

2. 共伴生

铋在自然界中以游离金属和矿物两种形式存在。矿物有辉铋矿、泡铋矿、菱铋矿、铜铋矿、方铅铋矿；金属铋由矿物经煅烧生成三氧化二铋后，再与碳共热还原而获得。可用火法精炼和电解精炼的方法制得高纯铋。

3. 可替代性

在医药应用中，铋化合物可由氧化铝、抗生素和氧化镁取代；在颜料使用中，铋可以被二氧化钛的提取物替代；铟可替代作为低温焊料的铋；树脂可以代替铋合金在加工过程中保持金属性状；甘油填充的玻璃灯泡可以代替铋合金用于消防喷头的触发装置。

4. 回收利用

铅阳极泥中含铋较高，而且综合回收利用效益好，因此逐渐受到企业的重视。目前，中国再生铋产业发展空间巨大。

五、市场应对指标

1. 进口价格

在 2015 年之前，中国锻轧铋及铋制品进口平均单价一直很稳定，在 2015 年 1 月突然升至 2803 美元 / 千克，但之后又逐渐降低到正常水平（图 5-7-3）。

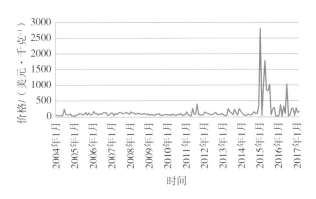

图 5-7-3　2004—2017 年中国锻轧铋及铋制品进口平均单价

数据来源：作者根据相关资料计算得出

2. 进口数量和产地

2016 年，中国锻轧铋及铋制品进口数量为 10663 千克，进口金额为 590039 美元。进口来源地比较少，从英国进口 8815 千克，占 82.7%；从美国进口 1166 千克，占 10.9%（图 5-7-4）。

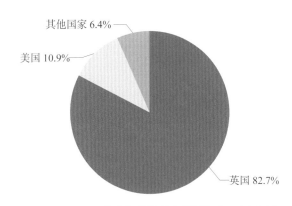

图 5-7-4　2016 年中国锻轧铋及铋制品进口来源国家及其占比

数据来源：中国海关信息网

第八节　硼

一、概述

硼（Boron），元素符号为 B，为第 2 周期 ⅢA 族元素，原子序数 5，原子量 10.81。在自然界中主要矿石是硼砂和白硼钙石等。

无定形硼为棕色粉末，晶体硼呈灰黑色。单质硼的硬度近似于金刚石。硼熔点 2076℃，沸点 3927℃。在常温时为弱电导体，而在高温时导电良好。硼共有 14 种同位素，其中只有 ^{10}B 和 ^{11}B 是稳定的。硼与氧结合生成硼酸盐和其他氧基化合物，在自然界主要以硼酸和硼酸盐的形式存在。晶态单质硼有多种变体，它们都以 ^{12}B 正二十面体为基本的结构单元。

硼在空气中氧化时由于三氧化二硼膜的形成而阻碍内部硼继续氧化。晶态硼较为惰性，无定形硼则比较活泼。常温时硼能与氟反应，高温下能与氮、氧、硫等单质反应。硼能从许多稳定的氧化物中夺取氧而用作还原剂。不受盐酸和氢氟酸水溶液的腐蚀。硼不溶于水，粉末状的硼能溶于沸硝酸和硫酸。高温下硼几乎能与所有的金属反应生成金属硼化物。

二、用途

硼广泛应用于冶金工业、玻璃陶瓷工业、轻工业、化工工业、核工业、农业、高新材料工业等方面。

1. 冶金工业

硼与塑料或铝合金结合，是有效的中子屏蔽材料；硼纤维用于制造复合材料等。硼在高温时特别活泼，因此被用于冶金除气剂、锻铁的热处理、增加合金钢高温强固性，还用于原子反应堆和高温技术中。棒状和条状硼钢在原子反应堆中广泛用作控制棒。由于硼具有低密度、高强度和高熔点的性质，可用来制作导弹和火箭中所用的某些结构材料。含硼添加剂可以改善冶金工业中烧结矿的质量，降低熔点，减小膨胀，提高强度和硬度。硼及其化合物也是冶金工业的助溶剂和冶炼硼铁硼钢的原料，加入硼化钛、硼化锂、硼化镍，可以冶炼耐热的特种合金。

2. 玻璃陶瓷工业

建材硼酸盐、硼化物是搪瓷、陶瓷、玻璃的重要组分，具有良好的耐热耐磨性，可增强光泽，调高表面光洁度等。

3. 轻工业

硼酸、硼酸锌可用作防火纤维的绝缘材料，是很好的阻燃剂，也应用于漂白、媒染等方面；偏硼酸钠用于织物漂白。此外，硼及其化合物可用于油漆干燥剂、焊接剂、造纸工业含汞污水处理剂等。

4. 化工工业

在化工工业领域，用作良好的还原剂、氧化剂、溴化剂，有机合成的掺杂材料，高压高频电及等离子弧的绝缘体，雷达的传递窗等。

5. 核工业

在核工业领域，用作原子反应堆中的控制棒、原子反应堆的结构材料等，以及火箭燃料、火箭发动机的组成物和高温润滑剂。

6. 农业

在农业领域，用作杀虫剂、防腐剂、催化剂、含硼肥料等。

7. 高新材料工业

硼化镁作为高温超导材料，价格低廉，导电率高；稀土硼化物已经成功用于雷达、航空航天、冶金、环保等高科技和军事领域。硼化物金属陶瓷具有高温耐摩擦性能、良好的抛光性能和抗化学腐蚀性能。含硼推进剂是高能洁净推进剂。

三、供应风险指标

1. 世界总产量和中国产量

2016 年，世界硼产量为 939 万吨，比 2015 年略有增长。中国硼产量为 16 万吨，比 2015 年增长 1 万吨，占世界总产量的 1.7%。土耳其为世界最大的硼生产国，2016 年产量为 730 万吨，占世界总产量的 77.7%。阿根廷、玻利维亚、智利、哈萨克斯坦、秘鲁、俄罗斯也有硼生产，硼产量分别占世界总产量的 4.8%、1.6%、5.4%、5.3%、2.6%、0.9%（表 5-8-1；图 5-8-1，图 5-8-2）。

表 5-8-1　2015—2016 年世界及主要产地硼产量

国　家	产量 / 万吨	
	2015 年	2016 年
阿根廷	45	45
玻利维亚	15	15
智　利	50	50
中　国	15	16
哈萨克斯坦	50	51
秘　鲁	24	24
俄罗斯	8	8
土耳其	730	730
世界总产量	937	939

数据来源：Mineral Commodity Summaries

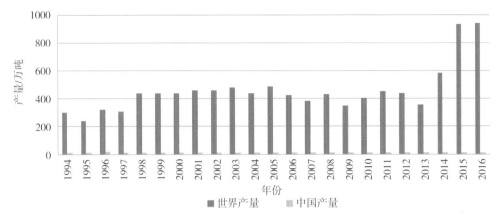

图 5-8-1　1994—2016 年世界及中国硼产量
数据来源：Mineral Commodity Summaries

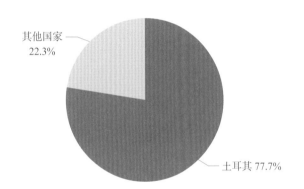

图 5-8-2　2016 年世界硼产量分布
数据来源：Mineral Commodity Summaries

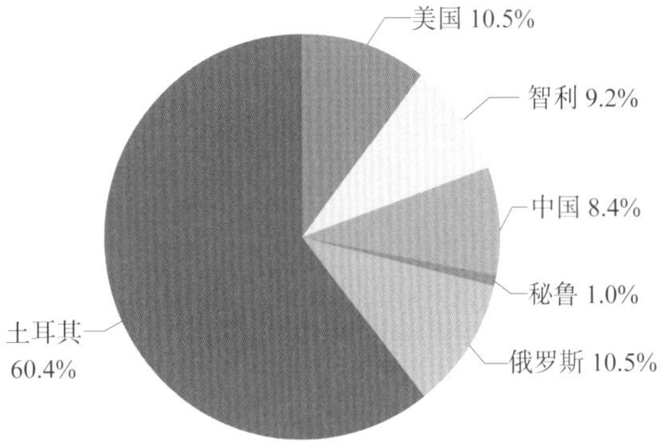

图 5-8-3　2016 年世界硼储量分布
数据来源：Mineral Commodity Summaries

2. 储量和储产比

2016 年，硼的世界储量和中国储量如图 5-8-3 所示。世界硼资源储量 3.8 亿吨，其中 60.4% 的储量在土耳其。中国硼资源储量占比为 8.4%，居世界第五位。中国硼储产比为 20。

四、高技术指标

1. 环境影响

燃煤是大气硼污染的主要来源。某些水生生物需要硼，缺硼可引起水生生物中毒。但是，硼污染的灌溉水、过量使用含硼肥料、污水与淤泥或煤灰等人为污染来源，可对水生生物产生毒

性。硼可在植物和动物组织中积蓄，但并不沿食物链放大。

2. 共伴生

中国硼矿资源中共伴生矿物多。辽宁、吉林的硼矿主要为硼镁石矿和硼镁铁矿；青海主要有钠硼解石、柱硼镁石、水方硼石和库水硼镁石；西藏主要是天然硼砂。

3. 可替代性

在洗涤剂、珐琅、绝缘材料和肥皂中，可用其他材料替代硼。碳酸钠可以取代硼酸盐，在较低的温度进行水解。一些珐琅可以使用其他的玻璃制造物质，如磷酸盐替代硼。绝缘替代品

包括纤维素、泡沫和矿物羊毛。在肥皂中，脂肪酸的钠和钾盐可以代替硼起到清洁及乳化剂的作用。

五、市场应对指标

2016 年 9 月至 2017 年 8 月，中国共进口天然硼砂及其精矿 17040 吨，平均价格为 171.8 美元 / 吨。其中，从玻利维亚进口天然硼砂及其精矿 17031 吨，占总进口量的 99.95%。

2016 年 9 月至 2017 年 9 月，中国进口天然硼酸盐及其精矿平均价格为 172 美元 / 吨（图 5-8-4）。

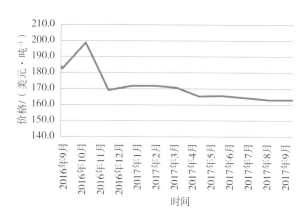

图 5-8-4　2016 年 9 月—2017 年 9 月中国进口
天然硼酸盐及其精矿价格变化
数据来源：中国海关信息网

第九节　镉

一、概述

镉（Cadmium），元素符号为 Cd，原子序数为 48。镉是自然界中比较稀有的元素，地壳中含量为 0.1 ～ 0.2 毫克 / 千克。

镉为银白色有光泽的金属，有韧性和延展性；熔点 320.9 ℃，沸点在 765 ～ 767 ℃之间，密度 8650 千克 / 米^3。

镉在潮湿空气中缓慢氧化并失去金属光泽，加热时表面形成棕色的氧化物层，若加热至沸点以上，则会产生氧化镉烟雾；可溶于酸，但不溶于碱，对盐水和碱液有良好的抗蚀性能；与硫酸、盐酸和硝酸作用产生镉盐，高温下与卤素反应形成卤化镉，也可与硫直接化合生成硫化镉。

二、用途

1. 制造镍镉电池

目前，镉主要用于生产镍镉和银镉、锂镉等可充电电池，该类电池具有体积小、容量大等优点。全球近 86% 的镉应用于制造镍镉电池。

2. 用于颜料涂料工业

镉的化合物曾广泛用于制造（黄色）颜料、塑料稳定剂、（电视映像管）荧光粉、杀虫剂、杀菌剂、油漆等。目前，全球 9% 的镉用于生产颜料，4% 的镉用于生产涂料。

3. 用于制造合金

目前，全球 1% 的镉用于生产合金、太阳能电池板和稳定器。镉作为合金组土元能配成很多合金，如含镉 0.5% ～ 1.0% 的硬铜合金有较高的抗拉强度和耐磨性。镉（98.65%）镍（1.35%）

合金是飞机发动机的轴承材料。很多低熔点合金中含有镉，著名的伍德易熔合金中含镉达12.5%。镉具有较大的热中子俘获截面，因此含银（80%）、铟（15%）、镉（5%）的合金可作原子反应堆的（中子吸收）控制棒。

从趋势上看，作为镉最主要的应用领域，镍镉电池已经逐渐被锂离子电池所取代。但同时，碲化镉薄膜光伏替代了传统硅基太阳能电池，未来太阳能电池生产可能成为镉的另一个重要市场。在欧盟，镉的毒性已经催生多项禁用立法，这可能会影响镉在某些用途上的使用。

三、供应风险指标

1. 世界总产量和中国产量

2016 年，世界镉资源总产量为 23000 吨（金属含量，下同），与 2015 年基本持平。主要的镉资源生产国包括中国（7400 吨）和韩国（4500 吨），两国产量占世界总产量的 51.7%（图 5-9-1；表 5-9-1）。

2. 储量

美国地质调查局（2017）数据显示，截至

表 5-9-1　2015—2016 年世界及主要产地镉产量

国　家	产量 / 吨	
	2015 年	2016 年
加拿大	1160	1140
中　国	7600	7400
日　本	1960	1900
哈萨克斯坦	1500	1500
韩　国	4200	4500
墨西哥	1300	1250
俄罗斯	1300	1350
其他国家	4180	3960
世界总产量	23200	23000

数据来源：Mineral Commodity Summaries

2013 年，世界镉储量总量为 50 万吨，目前中国是世界各国中镉储量最为丰富的国家，以 9.2 万吨镉储量占全球总量的 18.4%。其他蕴藏镉资源较丰富的国家有秘鲁、墨西哥、印度、俄罗斯、美国等。

中国镉矿分布相对集中，主要在中部、西南部及华东地区。这些地区镉资源探明储量累计占全国探明总储量的 88%。

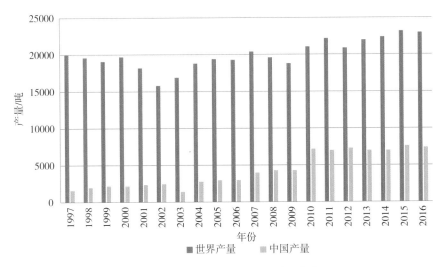

图 5-9-1　1997—2016 年世界和中国镉产量

数据来源：Mineral Commodity Summaries

四、高技术指标

1. 环境影响

镉主要污染源是电镀、采矿、冶炼、染料、电池和化学工业等排放的废水。当环境受到镉污染后，镉可在生物体内富集，通过食物链进入人体引起慢性中毒。镉的生物半衰期为 10～30 年，且生物富集作用显著，即使停止接触，大部分以往蓄积的镉仍会继续停留在人体内。所以，镉的环境影响已经引起广泛重视。

2. 共伴生

镉在地壳中的含量较少，主要矿物有硫镉矿、菱镉矿与方镉矿等，但都不形成独立的镉矿床，而是以微粒晶体赋存于锌矿、铅锌矿和铜铅锌矿石中，与铅矿、锌矿等以共、伴生形式存在。

3. 可替代性

镉的替代品主要应用在以下几个方面：锂离子和镍金属氢化物电池可以取代镍镉电池；在许多应用中蒸镀铝可作为镉的替代品；硫化铈可替代镉用于塑料的生产；钡锌或钙锌稳定剂可替代钡镉稳定剂在柔性 PVC 中的应用。

4. 回收利用

镍镉和铁镉蓄电池的极板以及某些铜、铅冶炼厂的富镉尘等都是提取镉的二次原料。日本废弃电池的处理回收一直走在世界前列。早在 1993 年，日本就开始回收废电池，镍镉电池等的二次回收率已达 84%。中国对废旧镍镉电池回收处理技术的研究也比较活跃，尤其在高等院校，但是这些研究成果多数尚停留于实验室阶段，用于产业化的甚少，因此需要加快回收利用步伐。

五、市场应对指标

1. 进口价格

从 2014 年 10 月起，中国未锻轧镉、粉末进

口单价经历了暴跌的过程，最低点价格为 802.4 美元 / 吨。随后价格稳步回升，2017 年 8 月为 1498.3 美元 / 吨（图 5-9-2）。

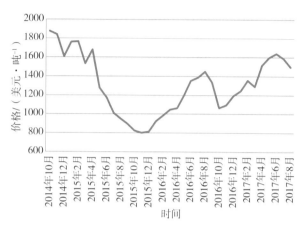

图 5-9-2 2014 年 10 月—2017 年 8 月中国未锻轧镉、粉末进口平均单价

数据来源：作者根据相关资料计算得出

2. 进口数量和产地

2016 年，中国未锻轧镉、粉末进口量为 9269.9 吨，比 2015 年（9910.4 吨）减少 6.5%。进口金额 1104.4 万美元，与 2015 年（1118.1 万美元）基本持平。进口产地主要为韩国（3891.5 吨）、加拿大（1473.6 吨）和哈萨克斯坦（1432.0 吨），分别占进口总量的 42.0%、15.9% 和 15.4%（图 5-9-3）。

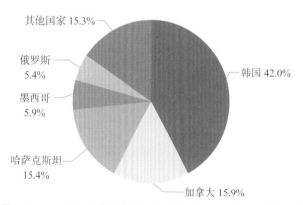

图 5-9-3 2016 年中国未锻轧镉、粉末进口来源国家及其占比

数据来源：中国海关信息网

第十节 铜

一、概述

铜是人类最早使用的金属之一，早在史前时代，人们就开始采掘露天铜矿，并用获取的铜制造武器、工具和其他器皿，铜的使用对早期人类文明的进步影响深远。铜（Copper）的元素符号是 Cu，在地壳中的含量约为 0.01%；在铜矿床中，铜的含量一般为 3% ~ 5%。自然界中的铜多数以化合物即铜矿石的形式存在。

纯铜是较软的金属，表面刚切开时为红橙色带金属光泽，单质呈紫红色。稍硬，极坚韧，耐磨损，延展性好，导热性和导电性强，密度为 8.92 克 / 厘米 ^{3}，熔点 $1083.4 \pm 0.2℃$，沸点 $2567℃$。

在元素周期表中，铜的原子序数是 29，原子量是 63.546，是 I_B 族金属，具有很好的耐腐蚀能力。铜及其合金在干燥的空气里很稳定，但在潮湿的空气里其表面会生成一层绿色的碱式碳酸铜 $Cu_2(OH)_2CO_3$，俗称铜绿。

二、用途

铜是与人类关系非常密切的有色金属，被广泛地应用于电气、轻工、建筑、机械制造、国防工业等领域，在中国有色金属材料的消费中仅次于铝。铜在电气、电子工业中应用最广、用量最大，占总消费量的一半以上，用于各种电缆和导线、电机和变压器、开关及印刷线路板的制造中。在机械和运输车辆制造中，用于制造工业阀门和配件、仪表、滑动轴承、模具、热交换器和泵等。在化学工业中广泛应用于制造真空器、蒸馏锅、酿造锅等。在国防工业中用以制造子弹、炮弹、枪炮零件等，每生产 300 万发子弹，需用铜 13 ~ 14 吨。在建筑工业中，用于制造各种管道、管道配件、装饰器件等。

据 BP 公司数据，具体分析铜的应用现状，电能传导占 26%，供水系统占 13%，发动机占 12%，建筑和日用品占 10%，牵引电动机占 9%，家用加热器占 8%，机械零件占 6%，数据传送 / 通信占 5%，车的接线占 5%，电子接触 / 热传导占 3%，其他占 3%（图 5-10-1）。

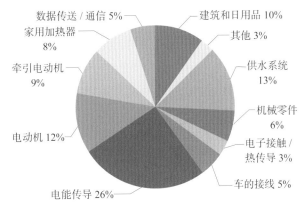

图 5-10-1 铜的应用现状
数据来源：BP公司

三、供应风险指标

1. 世界总产量和中国产量

2016 年，世界铜资源产量为 1740 万吨（金属，下同），比 2015 年增长 30 万吨，主要铜资源生产国包括智利、秘鲁、中国、美国、澳大利亚和刚果（金），其产量分别为 550 万吨、230 万吨、

174 万吨、141 万吨、97 万吨和 91 万吨，上述 6 国产量合计约占世界总产量的 66.1%（表 5-10-1；图 5-10-2）。

中在智利、澳大利亚和秘鲁，其次是墨西哥、美国和俄罗斯，上述国家合计铜资源储量约占世界铜资源总储量的 68.2%，其他国家合计铜资源储量约占世界铜资源总储量的 31.8%（图 5-10-3）。

截至 2016 年年底，中国的铜查明资源储量主要分布在江西、安徽、云南、甘肃、内蒙古、新疆、黑龙江、西藏 8 省（自治区），约占全国总量的 77.9%。

表 5-10-1 2015—2016 年世界及主要产地铜产量

国 家	产量 / 万吨	
	2015 年	2016 年
美 国	138	141
澳大利亚	97	97
智 利	576	550
中 国	171	174
刚果（金）	102	91
秘 鲁	170	230
其他国家	656	657
世界总量	1910	1940

数据来源：Mineral Commodity Summaries

2. 储量

2016 年，世界铜资源储量为 7.2 亿吨，与 2015 年持平。从国别看，世界铜矿资源主要集

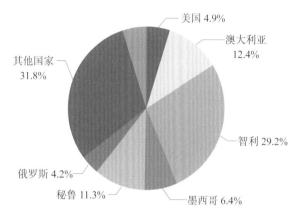

图 5-10-3 2016 年世界铜资源储量分布
数据来源：Mineral Commodity Summaries

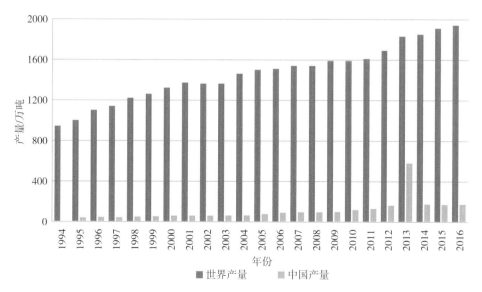

图 5-10-2 1994—2016 年世界和中国铜产量
数据来源：Mineral Commodity Summaries

四、高技术指标

1. 环境影响

铜是重金属，若摄入过量会对人体有危害。铜离子会使蛋白质变性，如硫酸铜对胃肠道有刺激作用，误服引起恶心、呕吐、口内有铜腥味、胃烧灼感；对眼睛和皮肤有刺激性，长期接触可发生接触性皮炎和鼻、眼黏膜刺激并出现胃肠道症状。

2. 共伴生

自然界中，铜资源主要有两种存在形态：一是以单质金属状态存在，但是数量极少；二是以黄铜矿、辉铜矿、斑铜矿、赤铜矿和孔雀石的矿物形态存在，主要产于铜矿床之中，少部分伴生于硫铁矿、贵金属矿产资源中。

3. 可替代性

在电力电缆、电气设备、汽车散热器、冷却和制冷管中，铝可以替代铜；钛和钢被使用在热交换器中；在电信应用中，光纤可以替代铜；在自来水管、排水管和管道装置中，塑料可以替代铜。

4. 回收利用

铜是耐用的金属，可以多次回收而无损其机械性能，故其被称为"绿色金属"。通过二次资源回收利用，可以减轻资源环境压力。目前，中国再生铜约占消费总量的20%，其回收利用前景十分广阔。

五、市场应对指标

1. 进口价格

中国铜矿砂及其精矿进口平均单价在2004年以前比较平稳，2004年以后波动比较剧烈，最高时达到2536.1美元/吨，最低为877.0美元/吨（图5-10-4）。

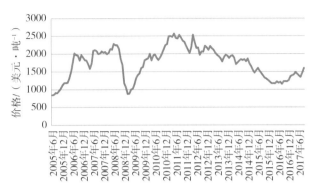

图 5-10-4 2005年6月—2017年6月中国铜矿砂及其精矿进口平均单价

数据来源：作者根据相关资料计算得出

2. 进口数量和产地

2016年，中国铜矿石及精矿进口数量为1705.2万吨，比2015年增加约28%；进口金额为205.2亿美元，比2015年增加5.5%。进口来源地比较广泛，2016年从智利进口474.2万吨，占27.8%；从秘鲁进口452.9万吨，占26.5%；从蒙古进口149.8万吨，占8.8%；从墨西哥进口99.2万吨，占5.8%；从澳大利亚进口76.0万吨，占4.5%（图5-10-5）。

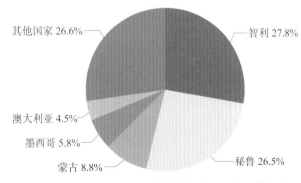

图 5-10-5 中国铜矿石及精矿进口来源国家及其占比

数据来源：中国海关信息网

第十一节　铬

一、概述

铬（Chromium）元素符号为 Cr，在元素周期表中属 VI_B 族，原子序数为 24，原子量 51.9961。铬在地壳中的含量为 0.01%，居第 17 位。自然界不存在游离状态的铬，主要存在于铬铅矿中。

铬是银白色有光泽的金属，纯铬有延展性，含杂质的铬硬而脆，密度 7.20 克 / 厘米^3。铬具有很强的耐腐蚀性，在空气中，即便是在赤热的状态下，氧化也很慢。不溶于水，镀在金属上可起保护作用；铬可溶于强碱溶液，也能慢慢地溶于稀盐酸、稀硫酸而生成蓝色溶液。与空气接触则很快变成绿色，是因为被空气中的氧气氧化成绿色的 Cr_2O_3 的缘故。

二、用途

铬是世界上大多数能源消耗的核心元素。作为不锈钢和超合金的重要组成部分，铬是具有抗腐蚀性的硬金属材料，主要用于驱动钻探设备的发电机上的活塞杆、向下钻眼的井下动力钻具的定子及核反应堆的安全壳中。铬同样用于太阳热能工业，用镀黑铬来吸收太阳能；在油气部门也有小部分用途，即添加铬盐作为防腐剂钻探泥浆。

与能源部门用途相似，铬在需要经久的耐腐蚀金属的工业中也是至关重要的。除了在超合金中的应用，铬被广泛作为钣金来使用。虽然出于环境问题的考虑，在绘画领域已暂停铬作为染料使用，但铬化合物在玻璃制品中仍用作染料。铬盐因具有毒性，可用于制备防止木头被真菌及昆虫腐蚀的溶液。铬盐还被广泛用于鞣革化工中，但是铬盐对于环境的影响问题越来越受到关注（图 5-11-1）。

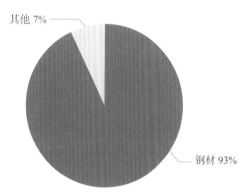

图 5-11-1　铬的应用现状

数据来源：BP公司

三、供应风险指标

1. 世界总产量和中国产量

2016 年，世界铬矿石产量为 3040 万吨，与 2015 年持平（图 5-11-2）。铬矿石主要生产国为南非、哈萨克斯坦、土耳其和印度 4 国，其产量分别为 1400 万吨、550 万吨、350 万吨和 320 万吨，占全球产量比例分别为 46.1%、18.1%、11.5% 和 10.5%，上述 4 国产量合计占世界总产量的 86.2%。

2. 储量和储产比

2016 年，世界铬资源储量为 5.0 亿吨，储

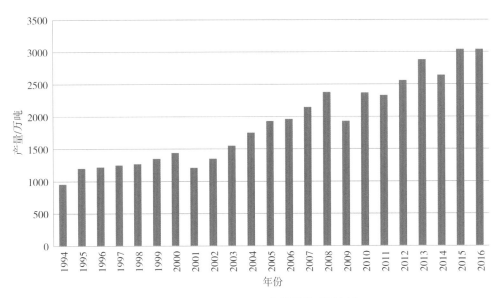

图 5-11-2　1994—2016 年世界铬矿石产量

数据来源：Mineral Commodity Summaries

产比为 16.4。从国别看，世界铬矿资源集中在哈萨克斯坦和南非，其中，哈萨克斯坦的资源量为 2.3 亿吨，南非的资源量为 2.0 亿吨，合计占世界铬资源总量的 86.0%；其次是印度和土耳其，其资源量分别为 0.54 亿吨和 0.12 亿吨；其他国家合计铬资源可采储量占世界总储量的 0.7%。美国地质调查局（2017）认为，全球有超过 120 亿吨的铬铁矿资源，其中南非和哈萨克斯坦合计占 95%，可以满足数百年的预期需求（图 5-11-3）。

铬铁矿是中国短缺矿产资源之一。截至 2016 年年底，中国铬铁矿查明资源集中分布在西藏、内蒙古、甘肃 3 省（自治区），其查明资源储量合计约占全国总量的 63%。

四、高技术指标

1. 环境影响

一些铬氧化物是有毒的，特别是用于皮革制革工业中的铬氧化物，已知其会导致动物和人类健康的问题。英国的健康和安全执法官对从事

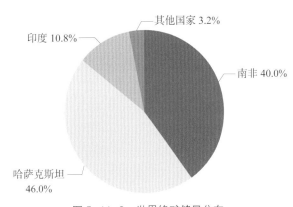

图 5-11-3　世界铬矿储量分布

数据来源：Mineral Commodity Summaries

铬化合物相关工作的人员发出警告，表明长期的健康影响，包括对鼻子的损害（如隔膜中的溃疡和空洞）、肺部刺激、肾脏损伤、肺和鼻子的癌症风险。

2. 可替代性

在一些行业中，已经常使用不锈钢或超级合金代替铬，但会导致性能下降。不过，含铬废料可在部分铬铁用途中作为替代品。

五、市场应对指标

1. 进口价格

1994—2016 年，中国铬铁矿进口平均单价最高达 396.8 美元/吨；2012 年价格开始持续下行，2016 年铬铁矿进口平均单价为 153.0 美元/吨（图 5-11-4）。

2. 进口数量和产地

2016 年，中国铬矿砂及其精矿进口量为 1057.6 万吨，比 2015 年增加 1.7%；进口金额 16.2 亿美元，比 2015 年减少 9.5%。进口产地主要为南非，进口量为 775.3 万吨，占进口总量的 73.3%；其次是土耳其、阿尔巴尼亚和伊朗，占比分别为 7.8%、4.7% 和 4.0%（图 5-11-5）。

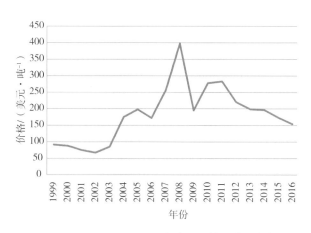

图 5-11-4　1999—2016 年中国铬铁矿进口价格

数据来源：作者根据相关资料计算得出

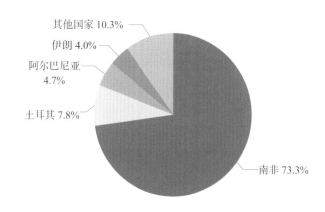

图 5-11-5　2016 年中国铬矿砂及其精矿进口来源国家及占比

数据来源：中国海关信息网

第十二节　锰

一、概述

锰（Manganese），元素符号为 Mn，原子序数为 25。锰是人类所必需的微量元素之一，对人体健康有着重要作用。锰广泛存在于自然界中，几乎各种矿石及硅酸盐的岩石中均含有锰，其中最常见的锰矿是氧化锰和碳酸锰等。

纯净的金属锰是一种灰白色、硬脆、有光泽的过渡金属，比铁稍软；密度为 7.44 克/厘米^3，熔点为 1244℃，沸点为 1962℃，电离能为 7.435 电子伏特；在固态时它以 α 锰（体心立方）、β 锰（立方体）、γ 锰（面心立方）、δ 锰（体心立方）4 种同素异形体存在。

锰在元素周期表上位于第四周期第 VII$_B$ 族，属于比较活泼的金属，加热时能与氧气化合，易溶于稀酸生成二价锰盐；在空气中易氧化，生成褐色的氧化物覆盖层，在升温时也容易被氧化，形成层状氧化锈皮。

二、用途

锰的用途非常广泛，几乎涉及人类生产生活的各个方面。全球每年生产的锰，约90%用于钢铁工业，10%用于有色冶金、化工、电子、电池、农业等部门。

锰在钢铁工业中主要用于钢的脱硫和脱氧，也用作合金的添加料，以提高钢的强度、硬度、弹性极限、耐磨性和耐腐蚀性等；在高合金钢中，还用作奥氏体化合元素，用于炼制不锈钢、特殊合金钢、不锈钢焊条等。

锰在有色冶金工业中主要有两种用途：一是在铜、锌、镉、铀等有色金属的湿法冶炼过程中加入二氧化锰或高锰酸钾作氧化剂，使溶于酸溶液中的二价铁氧化成三价，调整溶液 pH 值，使铁沉淀而除去；二是与铜、铝、镁生成许多有工业价值的合金，如黄铜、青铜、白铜、铝锰合金、镁锰合金等。

国际锰协会（IMnI）报告显示，2014 年世界锰矿消费结构为：锰系合金消费锰矿量占88%；电解锰金属（EMM）消费锰矿量占9%；电解二氧化锰（EMD）消费锰矿量占2%；耐火材料消费锰矿量占1%。中国锰矿消费结构为：硅锰（SiMn）占46%，高碳锰铁（HC FeMn）占22%，电解锰金属（EMM）占22%，中低碳锰铁（Ref.FeMn）占7%，电解二氧化锰（EMD）占2%，硫化锰（MnS）占1%。

三、供应风险指标

1. 世界总产量和中国产量

2016 年，世界锰矿产量为 1631 万吨（金属含量，下同），较上年减少 120 万吨（图 5-12-1）。主要锰矿生产国有南非、中国、澳大利亚和加蓬，产量分别为 470 万吨、300 万吨、250 万吨和 200 万吨，上述 4 国产量合计占世界总产量的74.8%（表 5-12-1）。

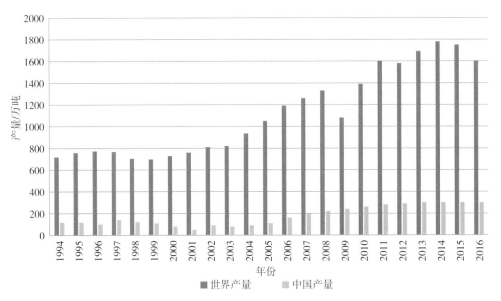

图 5-12-1　1994—2016 年世界和中国锰产量

数据来源：Mineral Commodity Summaries

表 5-12-1 2015—2016 年世界及主要产地锰产量

国 家	产量／万吨	
	2015 年	2016 年
澳大利亚	245	250
巴 西	109	110
中 国	300	300
加 蓬	202	200
加 纳	41.6	48
印 度	90	95
哈萨克斯坦	22.2	16
马来西亚	20.1	20
墨西哥	22	22
南 非	590	470
乌克兰	41	32
其他国家	67.8	68
世界总产量	1750.7	1631

数据来源：Mineral Commodity Summaries

2. 储量和储产比

2016 年，世界锰资源储量为 6.9 亿吨，储产比约为 43，主要集中分布在南非、乌克兰、巴西、澳大利亚这 4 个国家（南非 2 亿吨，乌克兰 1.4 亿吨，巴西 1.16 亿吨，澳大利亚 0.91 亿吨），合计占世界锰资源总量的 79.7%（表 5-12-2；图 5-12-2）。

表 5-12-2 2016 年世界锰资源储量分布

国 家	储量／亿吨
澳大利亚	0.91
巴 西	1.16
中 国	0.43
加 蓬	0.22
印 度	0.52
南 非	2.00
乌克兰	1.40
其他国家	0.22
世界总量	6.86

数据来源：Mineral Commodity Summaries

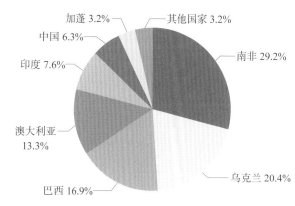

图 5-12-2 2016 年世界锰储量分布
数据来源：Mineral Commodity Summaries

中国虽然为世界第二大锰矿生产国，但是其锰矿需求量大。另外，与其他国家锰矿资源相比，中国锰矿床规模以中、小型为主，并且富锰矿较少，锰矿石中的杂质也较多。

四、高技术指标

1. 环境影响

锰缺乏会对人体产生不良影响，锰摄入过量则会导致锰中毒。职业性锰中毒是由于长期吸入含锰浓度较高的锰烟及锰尘而致，慢性锰中毒是职业锰中毒的主要类型，多见于锰铁冶炼、电焊条制造与电焊作业以及锰矿石的开采、粉碎或干电池的生产等作业的工人。

2. 共伴生

锰矿中一般含有二氧化硅、磷、铅、硫、铝、砷、钡、钙、镁、钾和钠等杂质，在锰矿层中有时伴生有铜、钴、镍及其他稀有金属。作为炼锰的重要矿物原料，菱锰矿是一些硫化物矿脉，热液交代及接触变质矿床的常见伴生矿物，常与蔷薇辉石共生。

3. 可替代性

锰在其主要用途上没有合适的替代品。

4. 回收利用

锰一般和亚铁及有色金属废料一起回收，还与铁一同从钢渣中回收，但目前锰回收利用的量较少。

五、市场应对指标

1. 进口价格

2016 年 4 月前，中国锰矿砂及其精矿进口

平均单价一直处于下跌状态。之后价格回升，从 78.27 美元 / 吨攀升到 265.11 美元 / 吨，但随之又快速回落（图 5-12-3）。

2. 进口数量和产地

2016 年，中国锰矿砂及其精矿进口量为 1705 万吨，比 2015 年增加 8.1%；2016 年进口金额为 20.7 亿美元，比 2015 年增加 3.9%。进口产地主要为南非（710.3 万吨）、澳大利亚（406.3 万吨），分别占进口总量的 41.7%、23.8%（图 5-12-4）。

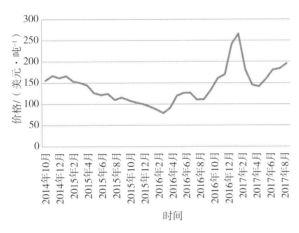

图 5-12-3　2014 年 10 月—2017 年 8 月中国锰矿砂及其精矿进口平均单价

数据来源：作者根据相关资料计算得出

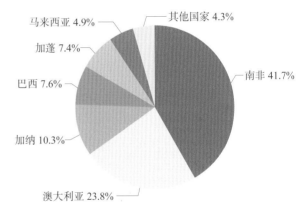

图 5-12-4　2016 年中国锰矿砂及其精矿进口来源国家及占比

数据来源：中国海关信息网

第十三节　钒

一、概述

钒（Vanadium），元素符号为 V，在元素周期表中属 V_B 族，原子序数 23，银白色金属。世界上 98% 的钒产于钒钛磁铁矿，其余部分赋存于磷块岩矿、含铀砂岩、粉砂岩、铝土矿、含碳质的原油、煤、油页岩及沥青砂之中。

钒熔点 1890℃，属于高熔点稀有金属；沸点 3380℃。纯钒质坚硬，无磁性，具有延展性，但是若含有少量的杂质，尤其是氮、氧、氢等，则会显著降低其可塑性。

钒属中等活泼金属，常见化合价为 +2、+3、+4 和 +5，其中以 5 价态为最稳定，其次是 4 价态。5 价钒的化合物具有氧化性，低价钒则具有

还原性，价态越低，还原性越强。钒耐盐酸和硫酸，并且耐气、耐盐、耐水腐蚀的性能比大多数不锈钢好。在空气中不会被氧化，可溶于氢氟酸、硝酸和王水。

二、用途

1. 在能源部门的用途

钒作为合金添加剂，可用于能源生产转换工具。钒电池是目前发展势头强劲的优秀绿色环保蓄电池之一，它的制造、使用及废弃过程均不产生有害物质。钒电池具有特殊的电池结构，可深度大电流密度放电，充电迅速，价格低廉，应用领域十分广阔，可以作为大厦、机场、程控交换站备用电源，也可作为太阳能等清洁发电系统的配套储能装置，为潜艇、远洋轮船提供电力以及用于电网调峰等。钒还可以用于一些锂离子电池的阴极。

2. 在非能源部门的用途

在非能源部门，钒通常被用作钢铁中的合金添加剂，以及化学工业和陶瓷生产中的催化剂。

据BP公司数据，具体分析钒的应用现状，钢铁占95%，化学品占5%（图5-13-1）。

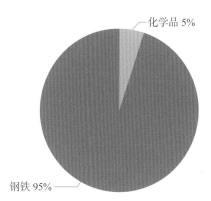

图5-13-1　钒的应用现状

数据来源：BP公司

三、供应风险指标

1. 世界总产量和中国产量

2016年，世界钒矿产量为7.6万吨（矿石），与上年相比略有下降，主要钒矿生产国包括中国、俄罗斯、南非和巴西，2016年产量分别为4.2万吨、1.6万吨、1.2万吨和0.6万吨（表5-13-1；图5-13-2）。

表5-13-1　2015—2016年世界及主要产地钒产量

国　　家	产量/吨	
	2015年	2016年
巴　西	5800	6000
中　国	42000	42000
俄罗斯	16000	16000
南　非	14000	12000
世界总产量	77800	76000

数据来源：Mineral Commodity Summaries

2. 储量和储产比

2016年，世界钒资源储量为1900万吨，储产比为250。从国别看，世界钒矿资源主要集中在中国和俄罗斯。其中，中国钒资源量为900万吨，俄罗斯为500万吨，合计钒资源量占世界总量的73.7%；其次是南非和澳大利亚，钒资源量分别为350万吨和180万吨，美国探明钒资源储量为4.5万吨（图5-13-3）。美国地质调查局（2017）认为，世界钒资源量超过6300万吨，由于钒通常会作为副产品而回收利用，因此该元素的实际供应量应远远超过其世界储量。

中国钒资源丰富，是全球钒资源储量大国，其钒资源主要集中在四川省和河北省。

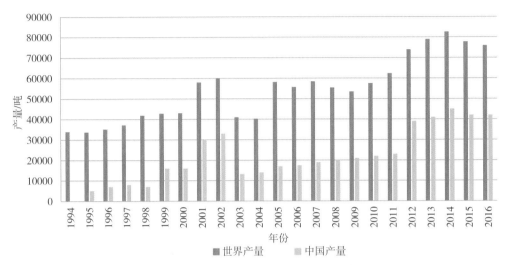

图 5-13-2　1994—2016 年世界和中国钒产量

数据来源：Mineral Commodity Summaries

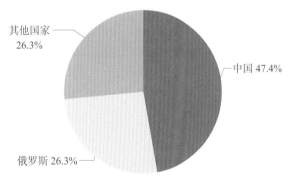

图 5-13-3　2016 年世界钒资源储量分布

数据来源：Mineral Commodity Summaries

四、高技术指标

1. 环境影响

钒在自然界水中的浓度很低，但在水中悬浮物里的含量是很高的。悬浮物的沉积导致水中的钒向底质迁移，并使水体得到净化。土壤的氧化性越高、碱性越大，钒越易形成离子，当土壤的酸度增大时，钒离子易转变成多钒酸根复合阴离子。它们都容易被黏土和土壤胶体及腐殖质固定而失去活性。金属钒的毒性很低。

钒化合物（钒盐）对人和动物具有毒性，其毒性随化合物的原子价增加和溶解度的增大而增加，如 V_2O_5 为高毒，可引起呼吸系统、神经系统、胃肠和皮肤的病变。

2. 共伴生

自然界中钒的存在方式主要是与其他矿物形成共生矿，如钒钛磁铁矿、钾钒铀矿及石油伴生矿等。

纯的金属钒一般是在高压下用钾将五氧化二钒还原而得到的，工业上也可以用铝、焦炭还原五氧化二钒生产纯钒。因此，大多数纯金属钒是其他矿物加工时的副产品。

3. 可替代性

据美国地质调查局资料，在钢的生产过程中，某些金属如锰、钼、铌、钛和钨在某种程度上可以与钒互换；在一些化学过程中，铂和镍可以代替钒的化合物作为催化剂。目前，在航空钛合金中，钒元素是不可替代的。

4. 回收利用

钒易于再循环，含钒固体废弃物主要来源于石油、化工、炼钢、钒矿开采等领域，石油精炼、硫酸生产、化工生产（如尼龙、涤纶、聚氯乙烯和丙烯）等工业生产过程中产生的钒废弃物最为常见，主要形式是含钒废催化剂。

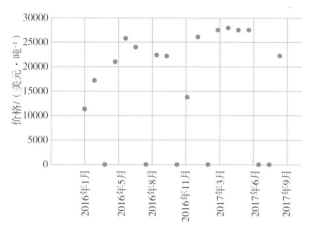

图 5-13-4　2016 年 1 月—2017 年 9 月中国钒铁矿进口价格

数据来源：作者根据相关资料计算得出

五、市场应对指标

2016 年 1 月，中国钒铁矿（按重量含钒 ≥ 75%）进口平均单价为 1.1 万美元 / 吨，2017 年 8 月快速上升到 2.2 万美元 / 吨（图 5-13-4）。

2016 年，我国钒铁主要出口国为荷兰、日本、韩国和墨西哥，出口量分别为 2380 吨、1467 吨、975 吨和 200 吨（图 5-13-5）。

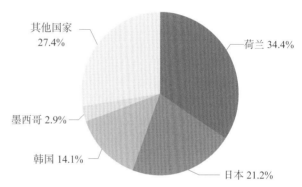

图 5-13-5　2016 年中国钒铁主要出口国家及其占比

第十四节　钛

一、概述

钛（Titanium），元素符号为 Ti，原子序数为 22，在化学元素周期表中位于第 4 周期第 IV$_B$ 族。由于钛在自然界中存在分散并难以提取，所以被认为是一种稀有金属。钛广布于地壳及岩石圈中，亦存在于几乎所有生物、岩石、水体及土壤中，但钛的矿石主要有钛铁矿及金红石。

钛具有金属光泽，有延展性。密度为 4.5 克 / 厘米^3，熔点 1660℃、沸点 3287℃，化合价 +2、+3 和 +4，电离能为 6.82 电子伏特。钛的主要特点是密度小，机械强度大，容易加工。钛的塑性主要依赖于纯度（钛越纯，塑性越大），有良好的抗腐蚀性能，不受大气和海水的影响。

金属钛在高温环境中的还原能力极强，能与氧、碳、氮及其他许多元素化合，还能从部分金属氧化物（如氧化铝）中夺取氧。常温下钛与氧气化合生成一层极薄致密的氧化膜，这层氧化膜常温下不与硝酸、稀硫酸、稀盐酸反应，但会与氢氟酸、浓盐酸、浓硫酸反应。

二、用途

（1）钛的强度大，钛合金的比强度超过优质钢。钛合金有好的耐热强度、低温韧性和断裂韧性。所以，钛和钛的合金大量用于航空工业，有"空间金属"之称。

（2）在造船工业、化学工业、制造机械部件、电讯器材、硬质合金等方面有着日益广泛的应用。

（3）钛白粉是颜料和油漆的良好原料。碳化钛、碳（氢）化钛是新型硬质合金材料。氮化钛颜色近于黄金，可用在装饰方面。

（4）由于钛合金还与人体有很好的相容性，所以钛合金可以用于制作人造骨头和各种器具。

据中国有色金属工业协会数据，具体分析中国钛的应用现状，2016年，化工占42%，航空航天占19%，电力占13%，体育休闲占5%，其他占21%（图5-14-1）。

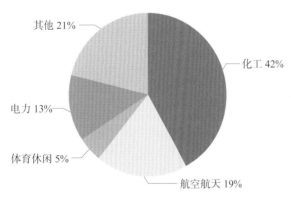

图 5-14-1　2016 年中国钛的应用现状

资料来源：中国有色金属工业协会

三、供应风险指标

1.世界总产量和中国产量

钛铁矿是铁和钛的氧化物矿物，是提取钛

和二氧化钛的主要矿物原料。金红石是较纯的二氧化钛，一般含二氧化钛在 95% 以上，也是提炼钛的重要矿物原料。因此，可以用钛铁矿和金红石的产量来反映钛的产量。2016 年，世界钛铁矿和金红石总产量约为 660.3 万吨，其中，钛铁矿产量 585.5 万吨，与 2015 年相比略有下降。

最大的钛铁矿生产国是南非（130 万吨），其次是中国（80 万吨）、澳大利亚（72 万吨）、莫桑比克（49 万吨）。2016 年，世界金红石的产量为 74.3 万吨，与上年相比略有下降，最大的生产国是澳大利亚（35 万吨），其次是塞拉利昂（12 万吨）、乌克兰（9 万吨）（表 5-14-1；图 5-14-2）。

表 5-14-1　2015—2016 年世界及主要产地钛铁矿和金红石产量

矿种	国　家	产量 / 千吨	
		2015 年	2016 年
	美　国	200	100
	澳大利亚	720	720
	巴　西	48	50
	加拿大	595	475
	中　国	850	800
	印　度	180	200
	肯尼亚	267	280
	马达加斯加	140	140
钛铁矿	莫桑比克	460	490
	挪　威	258	260
	俄罗斯	116	40
	塞内加尔	257	260
	南　非	1280	1300
	乌克兰	375	350
	越　南	360	300
	其他国家	77	90
	世界总量（钛铁矿）	6183	5855

续表

矿种	国家	产量 / 千吨	
		2015 年	2016 年
金红石	美　国	该国金红石的储量及产量数据包含在钛铁矿中	
	澳大利亚	380	350
	印　度	18	18
	肯尼亚	71	80
	马达加斯加	5	5
	塞拉利昂	113	120
	南　非	67	65
	乌克兰	90	90
	其他国家	14	15
	世界总量（金红石）	758	743
	世界总量（钛铁矿和金红石）	6950	6603

数据来源：Mineral Commodity Summaries

2. 储量和储产比

世界钛矿资源赋存形式有钛铁矿、金红石、锐钛矿和钛矿渣等。其中，钛铁矿是主要资源组成部分，约占钛资源量的93%。2016 年，世界钛精矿储量为8.3亿吨，其中钛铁矿储量7.7亿吨，金红石储量5900万吨。从国别看，世界钛铁矿主要集中在中国（2.2亿吨）和澳大利亚（1.5亿吨）（图5-14-3），金红石资源集中在澳大利亚（2700万吨）和肯尼亚（1300万吨）（图5-14-4）。目前，

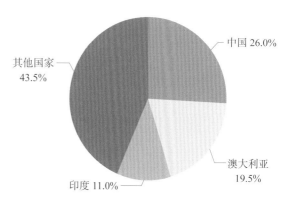

图 5-14-3　2016 年世界钛铁矿储量分布

数据来源：Mineral Commodity Summaries

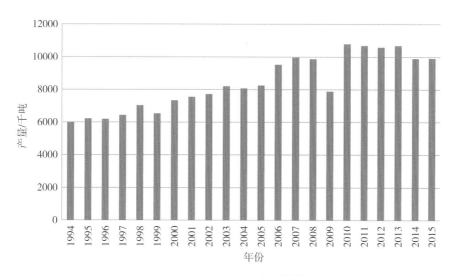

图 5-14-2　1994—2015 年世界钛产量

数据来源：Mineral Commodity Summaries

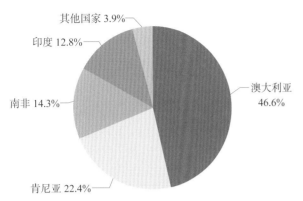

图 5-14-4　2016 年世界金红石储量分布
数据来源：Mineral Commodity Summaries

世界钛铁矿资源储产比为 131，金红石资源储产比为 9。

中国钛资源非常丰富，是世界钛资源大国，其储量位于世界前列。中国钛矿床的矿石工业类型比较齐全，既有原生矿也有次生矿，原生钒钛磁铁矿为主要工业类型。钛铁矿占中国钛资源总储量的 98%，金红石仅占 2%。

四、高技术指标

1. 环境影响

吸入二氧化钛粉尘后对上呼吸道有刺激性，引起咳嗽、胸部紧束感或疼痛。长期吸入二氧化钛粉尘的工人，肺部无任何变化。在生产钛金属过程中，接触四氯化钛及其水解产物对眼和上呼吸道黏膜有刺激作用，长期作用可形成慢性支气管炎。二氧化钛曾用作闪光灼伤的皮肤防护剂，未见产生接触性皮炎、变态反应和经皮肤吸收。100℃氯氮化钛的飞溅和吸入钛酸及氯氮化钛烟引起皮肤烧伤并致疤痕形成和咽部、声带、气管黏膜充血，由于形成瘢痕引起喉狭窄。眼短期接触氯氮化钛引起结膜炎和角膜炎。此外，吸入四氯化钛可引起弥散性支气管内息肉。

2. 可替代性

钛铁矿、白云石、金红石、矿渣和合成金红石作为生产二氧化钛颜料、钛金属和焊条的原料来源。在高强度应用的状况下，钛铝金属间化合物的竞争，是复合材料、钢和高温合金的竞争。铝、镍、特种钢和锆合金可代替钛用于需要耐腐蚀的场合。重质碳酸钙、沉淀碳酸钙、高岭土和滑石与钛白颜料也会产生竞争。这些均反映钛的可替代性。

3. 回收利用

目前，中国钛废料的回收利用工作虽然取得了长足发展，回收技术和工艺也比较成熟，但与发达国家相比还存在不足之处，其主要表现是废料的利用率还不高，从废料的收集、处理到电极压制及熔炼，整个过程能够规范操作、严格控制的企业不多。因此，应加大钛废料回收利用的力度。

五、市场应对指标

1. 进口价格

2015 年初，中国钛的氧化物进口平均单价最高达 5634.7 美元／吨；2017 年，钛的氧化物进口价格持续在 3000～4000 美元／吨之间震荡（图 5-14-5）。

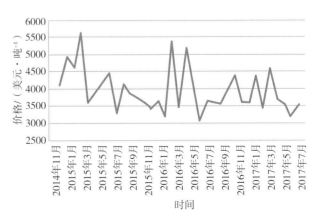

图 5-14-5　2014 年 11 月—2017 年 7 月中国钛的
氧化物进口价格
数据来源：作者根据相关资料计算得出

2. 进口数量和产地

2016 年，中国钛矿砂及其精矿进口量为 254.8 万吨，主要来自印度，为 60.1 万吨，占进口总量的 27%（图 5-14-6）。

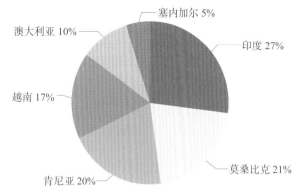

图 5-14-6　2016 年中国钛矿砂及其精矿主要进口来源国家及占比

数据来源：海关信息网

第十五节　菱镁矿

一、概述

菱镁矿（Magnesite）是化学组成为 $MgCO_3$、晶体属三方晶系的碳酸盐矿物，是镁的主要来源。含有镁的溶液作用于方解石后，会使方解石变成菱镁矿，因此菱镁矿也属于方解石族。富含镁的岩石也会变化成菱镁矿。

菱镁矿呈白色或浅黄白、灰白色，有时带淡红色调，含铁者呈黄至褐色、棕色，陶瓷状者大多呈雪白色；瓷状者呈贝壳状断口；硬度为 4 ～ 4.5，性脆；密度为 2.9 ～ 3.1 克 / 厘米^3；隐晶质菱镁矿呈致密块状，外观似未上釉的瓷，故亦称瓷状菱镁矿。

菱镁矿石的化学成分除氧化镁外，还含有三氧化二铁、三氧化二铝、氧化硅、氧化钙等杂质。在煅烧过程中发生的基本物理化学变化：一是菱镁矿的分解，方镁石晶体的结晶长大；二是在高温作用下，杂质氧化物之间或杂质氧化物与氧化镁相互作用形成新的矿物。

二、用途

菱镁矿具有高的耐火性和黏结性，广泛应用于冶金、建材、化工、轻工、农牧业等领域，常用作烧结镁砂、电熔镁砂及生产碱性耐火材料的主要原料。菱镁矿经高温煅烧，可制取氧化镁粉末，还可用于提炼金属镁和制取镁的化合物。此外，菱镁矿可用于医药领域，制成中和酸性毒药的解毒剂或中和胃酸和消除胃气的胃药。

菱镁矿是镁质材料的重要原料，目前主要用于镁质耐火材料原料和制品，其次用于煅烧镁作胶凝材料；用于冶金熔剂、防热、保温、隔音等建筑材料，还可从菱镁矿中提取金属镁，制取镁合金，用于军事工业和国防尖端技术。

三、供应风险指标

1. 世界总产量和中国产量

2016 年，世界镁资源产量为 2770 万吨（氧化物，下同），与上年持平（图 5-15-1）。主要的

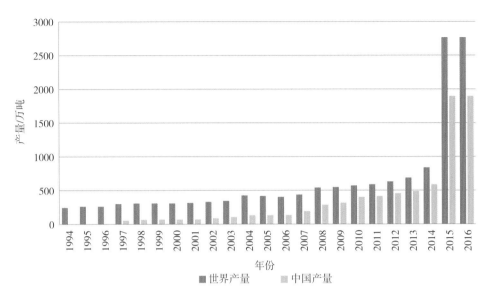

图 5-15-1　1994—2016 年世界和中国菱镁矿产量

数据来源：Mineral Commodity Summaries

镁资源生产国包括中国、土耳其、俄罗斯、奥地利、斯洛伐克和西班牙,其产量分别为1900万吨、280万吨、135万吨、75万吨、62万吨和62万吨,上述6国产量合计约占世界总产量的90.8%（表5-15-1）。

表 5-15-1　2015—2016 年世界及主要产地镁资源产量

国　家	产量 / 万吨	
	2015 年	2016 年
奥地利	76	75
中　国	1900	1900
俄罗斯	130	135
斯洛伐克	65	62
西班牙	64	62
土耳其	280	280
其他国家	255	256
世界总量	2770	2770

数据来源：Mineral Commodity Summaries

2. 储量

2016 年, 世界镁资源储量为 85 亿吨, 约为

2015 年的 3.5 倍。从国别看,世界镁矿资源主要集中在俄罗斯、中国和朝鲜,其次是土耳其、澳大利亚和巴西,上述国家合计镁资源储量约占世界镁资源总储量的 76.7%,其他国家合计镁资源储量约占世界镁资源总储量的 23.3%（图 5-15-2）。

中国菱镁矿资源丰富,分布较广,品质高,储量大。晶质菱镁矿主要分布在辽宁省营口大石桥至海城一带。

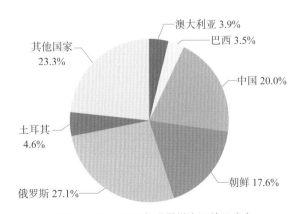

图 5-15-2　2016 年世界镁资源储量分布

数据来源：Mineral Commodity Summaries

四、高技术指标

1. 环境影响

摄入过量镁会导致恶心、胃肠痉挛等胃肠道反应，甚至会导致肌无力、膝腱反射弱、肌麻痹、骨异常等情况发生。

2. 共伴生

工业矿床通常由含镁热水溶液交代白云岩、白云质灰岩或超基性岩而成；常与方解石、白云石、绿泥石、滑石共生。常压下菱镁矿形成于 $250 \sim 350℃$，低于此温度形成稳定的三水菱镁矿，高于此温度则形成水镁石。

3. 可替代性

在一些耐火材料中的氧化铝、铬铁矿和硅石可以替代镁砂。常有铁、锰替代镁，但天然菱镁矿的含铁量一般不高。

4. 回收利用

镁化合物可回收利用的范围十分广泛。目前，已确定的全世界菱镁矿和氢氧镁石资源总量分别为 120 亿吨和几百万吨。白云石、镁橄榄石资源、蕴藏在蒸发岩矿物中的镁和蕴藏在海水中的氧化镁，这些来源里估计包含了数十亿吨的资源。可从海水中回收氢氧化镁。

五、市场应对指标

1. 进口价格

2015 年 10 月至 2017 年 8 月，中国菱镁矿的进口平均单价总体比较平稳，2016 年 2 月上升至 1.6 万美元/吨，之后恢复到正常水平（图 5-15-3）。

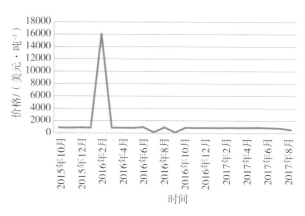

图 5-15-3 2015 年 10 月—2017 年 8 月中国菱镁矿进口平均单价

数据来源：作者根据相关资料计算得出

2. 进口数量和产地

2016 年，中国菱镁矿进口数量为 2538.1 吨，进口金额为 52.97 万美元；主要进口国及进口量如下：朝鲜 2000.4 吨，占 79.0%；土耳其 288 吨，占 11.0%；英国 126 吨，占 5.0%；俄罗斯 120 吨，占 4.7%（图 5-15-4）。

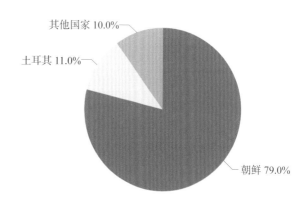

图 5-15-4 2016 年中国菱镁矿进口来源国家及其占比

数据来源：中国海关信息网

第十六节　钼

一、概述

钼（Molybdenum），元素符号为 Mo，原子序数 42，原子量 95.94，是第 5 周期 VI_B 族元素。1782 年，瑞典埃尔姆发现钼元素。主要矿物是辉钼矿（MoS_2）。

钼是银白色金属，硬而坚韧，密度为 10.2克/厘米^3，熔点为 2610℃，沸点为 5560℃，热传导率比较高。由于价电子层轨道呈半充满状态，钼介于亲石元素（8 电子离子构型）和亲铜元素（18 电子离子构型）之间，表现典型的过渡状态。

常温下钼不与空气发生氧化反应。钼作为一种过渡元素，极易改变其氧化状态，钼离子的颜色也会随着氧化状态的改变而改变。钼在纯氧中可自燃，生成三氧化钼。

二、用途

1. 钢铁工业领域

BP 公司数据显示，钼在钢铁工业领域的应用约占钼总消耗量的 81%。其中，用于生产合金钢占 35%，不锈钢占 25%，工具钢和高速钢占 9%，铸铁和轧辊占 6%，钼金属占 6%。

2. 化工领域

钼在化工领域的应用约占钼总消耗量的14%，主要用于润滑剂、催化剂、颜料、有机聚合物的阻燃剂和消烟剂、缓蚀剂等方面。单层辉钼材料具有良好的半导体特性，有些性能超过现在广泛使用的硅和石墨烯，因而钼也被用于电气和电子技术等领域，并很有可能成为下一代半导体材料。

3. 其他用途

其他用途的钼约占钼总消耗量的 5%。钼作为动植物的必要元素，被应用于医疗、畜牧、农业等领域（图 5-16-1）。

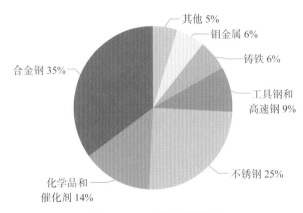

图 5-16-1　钼的应用现状
数据来源：BP公司

三、供应风险指标

1. 世界总产量和中国产量

2016 年，世界钼产量为 22.66 万吨（金属，下同），比 2015 年下降 0.88 万吨。其中，中国钼产量 9 万吨，占世界钼总产量的 39.7%，是世界第一产钼大国（图 5-16-2；表 5-16-1）。

2. 储量和储产比

2016 年，世界钼资源储量为 1500 万吨，其中，中国钼资源储量 840 万吨，占世界钼资源总储量的 56%，中国钼资源储产比为 93（图 5-16-3）。在现有的消费条件下，中国钼资源与世界钼资源储量均充足。

中国钼资源主要分布在中南地区，占全国

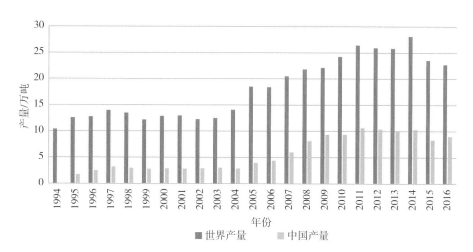

图 5-16-2　1994—2016 年世界和中国钼产量
数据来源：Mineral Commodity Summaries

表 5-16-1　2015—2016 年世界及主要产地钼产量

国　家	产量 / 万吨	
	2015 年	2016 年
中　国	8.30	9.00
智　利	5.26	5.20
美　国	4.74	3.16
秘　鲁	2.02	2.00
墨西哥	1.13	1.23
其他国家	2.09	2.07
世界总产量	23.54	22.66

数据来源：Mineral Commodity Summaries

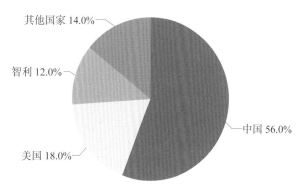

图 5-16-3　2016 年世界钼资源储量分布
数据来源：Mineral Commodity Summaries

四、高技术指标

1. 环境影响

人类活动中越来越广泛地应用钼及含钼矿物燃料（如煤），加大了钼在环境中的循环量，造成了某些地区自然环境中钼含量偏高，对环境造成一定的影响。

2. 共伴生

中国钼资源以单一矿床为主，例如辽宁的杨家杖子钼矿、陕西的金堆城钼矿、河南的栾川

总量的 35.7%；其次分别是东北地区、西北地区、华北地区、西南地区，占比分别为 19.5%、13.9%、12.0%、4.0%。虽然中国是世界钼资源储量最大的国家，但中国钼资源大多属于单一矿床（其他主要钼资源国家，其资源主要是多金属矿床），且品位相对较低，资源竞争力较弱。

钼矿等。只有少量钼资源以铜钼矿、钨钼矿伴生形式产出。

3.可替代性

在钢铁工业中,钼很少有替代品。而事实上,由于钼的实用性和广泛用途,工业界一直在寻求其他材料来代替钼在合金中的作用。例如,在合金领域,硼、铬、铌、钒可作为钼的潜在替代品。在其他领域,石墨、钽、钨可替代钼作为高温电炉耐火材料;镉红、铬橙和有机橙色颜料可替代钼橙作为颜料。

4.回收利用

再生资源中的钼含量通常高于钼矿石中的含量,从中提取钼及其他金属的成本低于从矿石中提取,能源消耗比较低,废气排放量小,因而钼的回收利用有着重要意义。目前,钼的二次资源主要有两个来源:一是钼冶金过程中产生的含钼废渣、废液等;二是钼金属制品生产过程中产生的废料和使用过的含钼化学制品或材料。当前,回收利用的钼大约满足了消费总量的四分之一,有必要加大钼回收利用的力度。

五、市场应对指标

2016 年 9 月至 2017 年 9 月,中国进口钼矿砂及其精矿平均进口价格为 6.88 美元 / 千克(图 5-16-4)。

2016 年,中国钼矿砂及其精矿总进口量为 21797 吨,来源地较多。从蒙古进口 5726.8 吨,占 26.3%;从美国进口 5064.6 吨,占 23.2%;从智利进口 4489.6 吨,占 20.6%;从墨西哥进口 2899.8 吨,占 13.3%;从秘鲁进口 2487.9 吨,占 11.4%(图 5-16-5)。

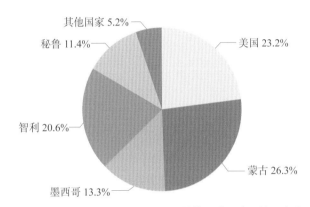

图 5-16-5　2016 年中国钼矿砂及其精矿进口来源地及占比

数据来源:中国海关信息网

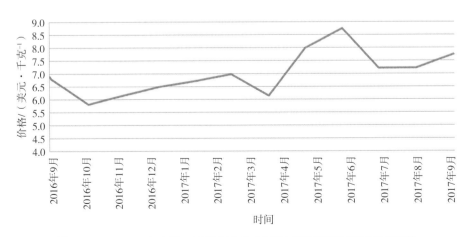

图 5-16-4　2016 年 9 月—2017 年 9 月中国进口钼矿砂及其精矿价格走势

数据来源:作者根据相关资料计算得出

第十七节 天然石墨

一、概述

天然石墨（Natural graphite）一般以石墨片岩、石墨片麻岩、含石墨的片岩及变质页岩等矿石出现。石墨的化学成分为碳（C）。

天然石墨矿物呈铁黑、钢灰色，条痕光亮黑色；金属光泽，隐晶集合体光泽暗淡，不透明；质软，有滑腻感，易污染手指；密度为 2.09 ～ 2.23 克/厘米^3；矿物薄片在透射光下一般不透明，极薄片能透光，呈淡绿灰色，反射色、双反射均显著，非均质性强，偏光色为稻草黄色。

天然产出的石墨很少是纯净的，常含有杂质，包括 SiO_2、Al_2O_3、MgO、CaO、P_2O_5、CuO、V_2O_5、H_2O、S、FeO 及 H、N 等。

二、用途

石墨的工艺性能及用途主要取决于其结晶程度，天然石墨依其结晶形态可分成晶质石墨（鳞片石墨）和隐晶质石墨（土状石墨）两种工业类型。

根据固定碳含量，晶质（鳞片）石墨分为高纯石墨、高碳石墨、中碳石墨及低碳石墨。高纯石墨（固定碳含量≥99.9%）主要用于柔性石墨密封材料、核石墨等；高碳石墨（固定碳含量94.0%～99.9%)主要用于耐火材料、润滑剂基料、电刷原料、电碳制品、电池原料、铅笔原料、填充料及涂料等；中碳石墨（固定碳含量80%～94%）主要用于坩埚、耐火材料、铸造材料、铸造涂料、铅笔原料、电池原料及染料等；低碳石墨（固定碳含量50.0%～80.0%）主要用于铸造涂料。

隐晶质石墨主要用作铅笔、电池、焊条、石墨乳剂、石墨轴承的配料及电池碳棒的原料等。

三、供应风险指标

1. 世界总产量和中国产量

2016 年，世界天然石墨资源总产量为 120 万吨（矿物，下同），比 2015 年增长 1 万吨。主要的天然石墨资源生产国包括中国、印度、巴西、土耳其和朝鲜，其产量分别为 78 万吨、17 万吨、8 万吨、3.2 万吨和 3.0 万吨，上述 5 国产量合计约占世界总产量的 91%（表 5-17-1；图 5-17-1）。

表 5-17-1　2015—2016 年世界及主要产地天然石墨产量

国　家	产量/万吨	
	2015 年	2016 年
巴　西	8.0	8.0
中　国	78.0	78.0
印　度	17.0	17.0
朝　鲜	3.0	3.0
土耳其	3.2	3.2
其他国家	9.8	10.8
世界总量	119.0	120.0

数据来源：Mineral Commodity Summaries

2. 储量

2016 年，世界天然石墨资源储量为 2.5 亿吨，比 2015 年增长 0.2 亿吨。世界天然石墨矿资源主要集中在土耳其、巴西和中国，其次是莫桑比克和印度，5 国合计天然石墨资源量约占世界天

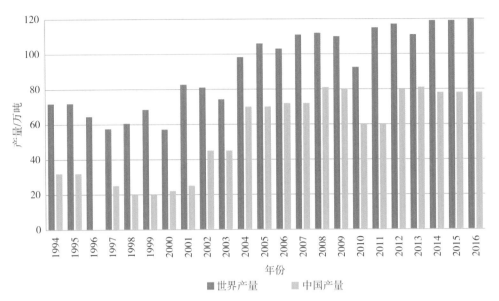

图 5-17-1　1994—2016 年世界和中国天然石墨产量
数据来源：Mineral Commodity Summaries

然石墨资源总量的 95.2%（图 5-17-2）。美国地质调查局（2017）认为，全球天然石墨资源的可采储量超过 8 亿吨。

中国的天然石墨矿资源储量非常丰富，分布广泛，但又相对集中。截至 2016 年年底，中国的天然石墨资源储量主要分布在黑龙江、内蒙古、四川和山东等省（自治区）。

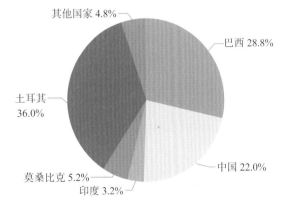

图 5-17-2　2016 年世界天然石墨资源储量分布
数据来源：Mineral Commodity Summaries

四、高技术指标

1. 环境影响

石墨化学性质非常稳定，进入人体后不会造成肌体组织或器官病变，但石墨粉尘逐渐沉积则会堵塞肺泡并难以排出，使人产生呼吸困难、气短等症状，久而久之导致窒息死亡。如果长期从事石墨加工类工作，要注意做好防护措施。

2. 共伴生

从天然石墨的晶质石墨（鳞片石墨）和隐晶质石墨（土状石墨）两种工业类型来看，与晶质（鳞片）石墨伴生的矿物常有云母、长石、石英、透闪石、透辉石、石榴子石和少量黄铁矿、方解石等，与隐晶质石墨伴生的矿物常有石英、方解石等。

3. 可替代性

在钢铁生产中，合成石墨粉、废钢和煅烧石油焦可以互相替代；合成石墨粉和二次合成石墨在电池应用中具有竞争性；磨细的焦橄榄石在铸造涂料的应用中是一个潜在的竞争者；二硫化钼作为一种干润滑剂具有竞争性，但它对氧化条件更敏感。

4. 回收利用

耐火砖和炉衬、氧化铝石墨耐火材料、镁质石墨耐火砖和保温砖是石墨制品回收的主要途径。再生耐火石墨材料市场正在扩大，回收材料被应用到刹车片和隔热材料等产品中。

五、市场应对指标

1. 进口价格

我国鳞片状天然石墨进口平均单价在近几年波动比较剧烈，最高时达到 21500 美元 / 吨，最低为 83.9 美元 / 吨（图 5-17-3）。

2. 进口数量和产地

2016 年，中国鳞片状天然石墨进口量为 1027.7 吨，进口金额为 57.4 万美元。主要进口来源地比较集中，2016 年从朝鲜进口 575.1 吨，占 56.0%；从坦桑尼亚进口 207 吨，占 20.1%；从马达加斯加进口 181 吨，占 17.6%；从美国进口 30 吨，占 2.9%；从瑞士进口 13.9 吨，占 1.4%（图 5-17-4）。

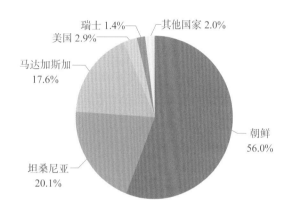

图 5-17-4　2016 年中国鳞片状天然石墨
进口来源国家及其占比
数据来源：中国海关信息网

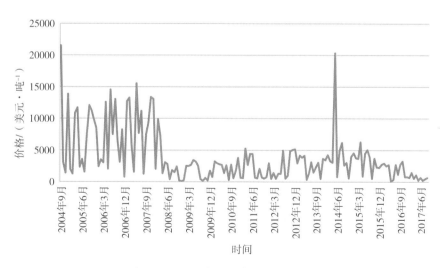

图 5-17-3　2004 年 9 月—2017 年 6 月中国鳞片状天然石墨进口平均单价
数据来源：中国海关信息网

第十八节 镍

一、概述

镍（Nickel），元素符号为 Ni，在元素周期表中属第 4 周期 VIII 族，原子序数 28，相对原子质量 58.69。镍属于亲铁元素，地核中含镍最高，地壳中铁镁质岩石含镍量高于硅铝质岩石。

镍为银白色金属，密度为 8.902 克 / 厘米 ^{3}，熔点为 1453℃，沸点为 2800℃；具有磁性和良好的可塑性、耐腐蚀性，质地坚硬而有延展性，能够高度磨光和抗腐蚀。

镍的许多物理化学性质与钴、铁近似；由于与铜比邻，所以在亲氧和亲硫性方面较接近铜。常温下镍在潮湿空气中表面形成致密的氧化膜，能阻止本体金属继续氧化。在稀酸中可缓慢溶解，释放出氢气并产生绿色的正二价镍离子；耐强碱。镍可以在纯氧中燃烧，发出耀眼白光，也可以在氯气和氟气中燃烧。对氧化剂溶液（包括硝酸在内）均不发生反应。盐酸、硫酸、有机酸和碱性溶液对镍的浸蚀极慢，镍在稀硝酸中缓慢溶解。发烟硝酸能使镍表面钝化而具有抗腐蚀性。

二、用途

1. 在能源部门的用途

以镍为主要材料的不锈钢和超合金可以应用于高温，如热电站锅炉、燃气轮机、冷却器和精炼厂船只；耐腐蚀的镍钢金属是油管探油和天然气井的可选金属材料；含 9% 镍的钢铁可以储存和运输液体天然气（LNG）；镍氢电池正在取代镍镉蓄电池应用于混合动力汽车中，还可作为锂电池三元正极材料应用于纯电动汽车；

镍与氢结合还可应用于炼油领域，作为一种有效的催化剂。

2. 在非能源部门的用途

镍基超合金用于民用和军用飞机及船舶的汽轮机中；耐腐蚀和可加工性使含镍钢铁在工业和建筑业中应用广泛。

据 BP 公司数据，具体分析全球镍的应用现状，不锈钢 / 合金钢占 66%，非铁合金 / 超合金占 18%，电镀占 8%，其他占 8%（图 5-18-1）。

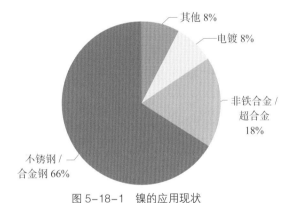

图 5-18-1　镍的应用现状
数据来源：BP公司

三、供应风险指标

1. 世界总产量和中国产量

2016 年，世界镍资源产量为 225 万吨（镍金属量），与 2015 年基本持平，主要的镍资源生产国包括菲律宾、俄罗斯、加拿大、澳大利亚和新喀里多尼亚，其产量分别为 50 万吨、25.6 万吨、25.5 万吨、20.6 万吨和 20.5 万吨（图 5-18-2；表 5-18-1）。

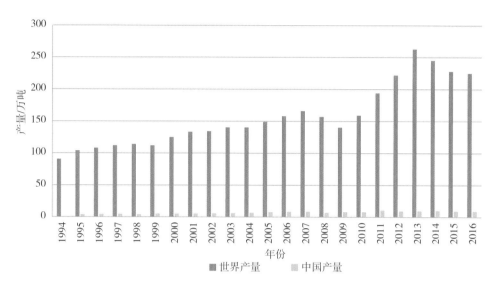

图 5-18-2　1994—2016 年世界和中国镍产量

数据来源：Mineral Commodity Summaries

表 5-18-1　2015—2016 年世界及主要产地镍产量

国　家	产量 / 万吨	
	2015 年	2016 年
澳大利亚	22.2	20.6
巴　西	16	14.2
加拿大	23.5	25.5
中　国	9.29	9
印度尼西亚	13	16.85
新喀里多尼亚	18.6	20.5
菲律宾	55.4	50
俄罗斯	26.9	25.6
其他国家	43.56	42.44
世界总产量（四舍五入）	228	225

数据来源：Mineral Commodity Summaries

2. 储量和储产比

2016 年，世界镍资源储量为 7800 万吨，储产比为 58。从国别看，世界镍资源集中在澳大利亚和巴西。其中，澳大利亚的资源量为 1900 万吨，巴西为 1000 万吨，合计镍资源量占世界镍资源总量的 37.18%（图 5-18-3）。美国地质调查局

（2017）认为，已经确定的陆上含有至少 1.3 亿吨镍，其中红土中约 60%，硫化物矿占 40%。在海底的锰结壳和结核中也发现了大量的镍资源，但是在像东非中部和北亚北部地区这样的传统矿区中，新发现的硫化物矿床的镍含量比例下降。

截至 2016 年年底，中国镍矿分布以甘肃储量最多，占全国镍矿总储量的 62%，其次是新疆（11.6%）、云南（8.9%）、吉林（4.4%）、湖北（3.4%）和四川（3.3%）。

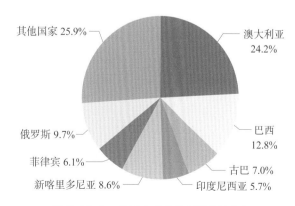

图 5-18-3　2016 年世界镍资源储量分布

数据来源：Mineral Commodity Summaries

四、高技术指标

1. 环境影响

镍污染是由镍及其化合物所引起的环境污染。冶炼镍矿石和钢铁时,部分矿粉会随气流进入大气,在焙烧过程中也有镍及其化合物排出为大气中的颗粒物,主要为不溶于水的硫化镍、氧化镍、金属镍粉尘等。燃烧生成的镍粉尘遇到热的一氧化碳会生成易挥发的、剧毒的致癌物羰基镍。精炼镍的作业工人患鼻腔癌和肺癌的发病率较高。镀镍工业、机器制造业、金属加工业的废水中常含有镍,常用碱法处理工业废水,使其生成氢氧化镍沉淀而清除掉。镍可在土壤中富集,含镍的大气颗粒物沉降、含镍废水灌溉、动植物残体腐烂、岩石风化等都是土壤中镍的来源。

2. 共伴生

镍有很强的亲硫性,主要以硫化镍矿和氧化镍矿的形态存在。在铁、钴、铜和一些稀土矿中,往往有镍共生。

3. 可替代性

美国地质调查局(2017)认为,在发电和石油化工行业中可使用无镍特种钢代替不锈钢,钛合金可以在腐蚀性化学环境中替代镍金属或镍基合金,在某些应用中可以使用锂离子电池代替镍金属氢化物电池。

4. 回收利用

镍资源的回收利用主要是从废不锈钢、电镀污泥、废催化剂、含镍废水、废旧电池等含镍二次资源中回收。目前,再生镍占消费总量不足5%,回收利用前景广阔。

五、市场应对指标

2014年10月,中国镍铁进口平均单价为4722.5美元/吨,之后镍铁进口价格持续下降但略有波动,这种趋势一直持续到2016年1月,之后价格趋于稳定,保持在1400～2100美元/吨之间。2017年8月,镍铁进口平均单价为2061.5美元/吨(图5-18-4)。

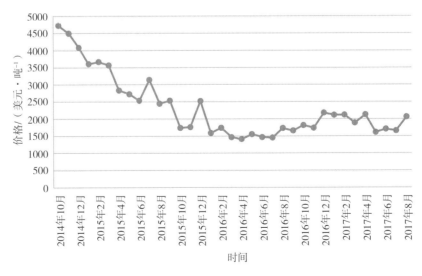

图 5-18-4　2014 年 10 月—2017 年 8 月中国进口镍铁平均价格

数据来源:作者根据相关资料计算得出

2016 年，中国镍铁进口量为 104.2 万吨，比 2015 年增加 59.3%，进口金额减少 2400 万美元；2016 年，中国镍锍进口量为 1.8 万吨，比 2015 年增加 25.9%，进口金额减少 2746.9 万美元。2016 年进口数量增加但进口金额下降，主要原因是与 2015 年相比镍价大幅下降。

2016 年，中国进口镍矿 3210.6 万吨，进口镍矿的主要产地为菲律宾，进口量为 3053.6 万吨，全部为氧化矿，占总进口量的 95.1%（图 5-18-5）。

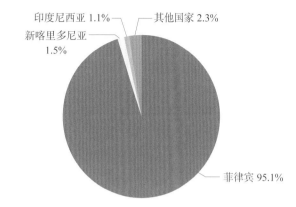

图 5-18-5 2016 年中国镍矿主要进口来源国家及其占比

数据来源：中国海关信息网

第十九节 钴

一、概述

钴 (Cobalt)，元素符号为 Co，在化学元素周期表中位于第 4 周期第Ⅷ族，原子序数 27，原子量 58.9332，密排六方晶体。

钴是具有钢灰色和金属光泽的硬质金属，熔点 1495℃，沸点 2870℃，密度为 8.9 克 / 厘米^3，比较硬而脆。钴是铁磁性的，在硬度、抗拉强度、机械加工性能、热力学性质、电化学行为方面与铁和镍相类似。加热到 1150℃时磁性消失。

钴是中等活性金属，位于铁族元素铁、镍的中间。钴的化合价为 2 价和 3 价。在常温下不与水作用，在潮湿的空气中也很稳定。在空气中加热至 300℃以上时氧化生成 CoO，在白热时燃烧生成 Co_3O_4。氢还原法制成的细金属钴粉在空气中能自燃生成 CoO。加热时，钴与氧、硫、氯、溴等发生剧烈反应，生成相应化合物。钴可溶于稀酸中，在发烟硝酸中因生成一层氧化膜而被钝化。钴会缓慢地被氢氟酸、氨水和氢氧化钠浸蚀。

二、用途

1. 合金

当与镍基合金混合时，钴增强它们的热强度，可以在发电部门的喷射发动机和燃气轮机中使用。

2. 电池

在 3 种主要的充电电池生产中，钴是阴极的重要材料。这 3 种充电电池是：①锂离子电池，阴极中多达 60% 的部分使用钴；②镍镉电池，阴极中不超过 5% 使用钴；③镍氢电池，阴极中 15% 使用钴。

3. 磁铁

钴合金和在不同混合物中的贵金属钐能形成强大的磁铁，可使温度保持在 350℃。虽然这种磁铁不如 NdFeB 磁铁的能力，但可以保持高温。钴合金可用在大部分的电器中。

4. 催化剂

精炼厂使用氧化钴催化剂从原油中去除硫

磺。当原油品质下降时，预计这种用途的使用会增长。快速发展的部门中，天然气液化技术也在使用钴催化剂。

5. 导电体

集成电路上的高质量的电触头可含最多15%的钴。

6. 其他用途

钴基合金有着广泛的用途，包括钢铁切削工具、人造关节和耐蚀涂料。钴的最早一种用途是做成染料，"蓝色钴"的产量仍占10%。钴还被用于放射医学，作为动物饲料添加剂。

三、供应风险指标

1. 世界总产量和中国产量

2016年，世界钴产量为12.3万吨，与2015年相比略有下降（图5-19-1），刚果（金）是全球最大的钴生产国，其2016年产量为6.6万吨，其次是中国（0.77万吨），以上两国产量合计占世界总产量的59.9%（表5-19-1）。

表 5-19-1　2015—2016 年世界及主要产地钴产量

国　家	产量 / 吨	
	2015 年	2016 年
美　国	760	690
澳大利亚	6000	5100
加拿大	6900	7300
中　国	7700	7700
刚果（金）	63000	66000
古　巴	4300	4200
马达加斯加	3700	3300
新迦南	3680	3300
菲律宾	4300	3500
俄罗斯	6200	6200
南　非	3000	3000
赞比亚	4600	4600
其他国家	11600	8300
世界总量	125740	123190

数据来源：Mineral Commodity Summaries

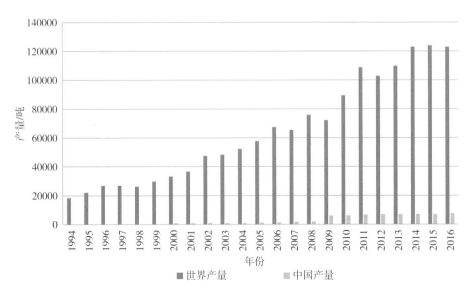

图 5-19-1　1994—2016 年世界和中国钴产量

数据来源：Mineral Commodity Summaries

2. 储量

2016 年，世界钴资源储量为 700 万吨，与 2015 年世界钴资源储量（约 710 万吨）相比略有下降。从国别来看，世界上钴矿资源集中在刚果（金）和澳大利亚。其中，刚果（金）钴资源量为 340 万吨，澳大利亚钴资源量为 100 万吨，合计钴资源量占世界钴资源总量的 62.9%；其他几个主要资源储量国，古巴为 50 万吨，菲律宾为 29 万吨，俄罗斯为 25 万吨，赞比亚与加拿大均为 27 万吨（图 5-19-2）。

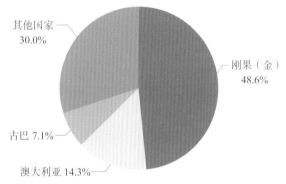

图 5-19-2　2016 年世界钴储量分布
数据来源：Mineral Commodity Summaries

四、高技术指标

1. 环境影响

钴在天然水中常以水合氧化钴、碳酸钴的形式存在，或者沉淀在水底，或者被底质吸附，很少溶解于水中。从淡水与海水的钴浓度之比可以看出，钴在入海河口附近沉积物中有中等程度的富集。钴对鱼类和其他水生动物的毒性比对温血动物大。

当土壤被钴严重污染后，钴浓度达到 10 毫克/升时，可使农作物死亡。目前，美国规定灌溉用水中钴的最大容许浓度为 0.2 毫克/升。

2. 共伴生

中国钴金属资源绝大多数为伴生资源，单独的钴矿床极少。中国钴矿品位较低，均作为矿山副产品回收，生产过程中由于品位低、生产工艺复杂，所以金属回收率低、生产成本高。

3. 可替代性

在某些应用中，钴的替代品将导致产品性能的损失。潜在替代物包括钡或锶铁氧体、钕铁硼或磁体中的镍铁合金，油漆中的铈、铁、铅、锰或钒，金刚石工具中的钴 – 铁 – 铜或铁 – 铜、铁、铁 – 钴 – 镍、镍、金属陶瓷或陶瓷材料；锂离子电池中的铁 – 磷、锰、镍 – 钴 – 铝或镍 – 钴 – 锰电池，喷气发动机中的镍基合金或陶瓷，石油催化剂中的镍，氢甲酰化催化剂中的铑；铜 – 铁 – 锰用于固化不饱和聚酯树脂。

4. 回收利用

钴的应用广泛，是一种重要的战略金属。随着钴消费量的日益增大，也产生了大量的钴废料。含钴废料是重要的二次资源，再生钴资源的回收利用是解决中国钴资源供给问题的有效途径。含钴废料种类多，主要有废高温合金、废硬质合金、废磁性合金、废可伐合金、废催化剂和废二次电池材料等。此外，炼钴过程中产生的钴渣也是回收的来源之一。

五、市场应对指标

1. 进口价格

2017 年 5 月，我国钴（≥99.5% 的超细钴粉、钴流、未锻轧钴、粉末等）进口平均单价最高达 55.5 美元/千克后，2017 年 7 月快速回落到 6.8 美元/千克，之后又有回升趋势（图 5-19-3）。

2. 进口数量和产地

2016 年，中国钴（钴矿砂及其精矿）进口量为 14.9 万吨，2015 年为 22.8 万吨，同比减少 34.6%；2016 年进口总额为 2.1 亿美元，2015 年为 4.5 亿美元，同比减少 52.2%；进口产地主要为刚果（金），进口量为 13.2 万吨，占进口总量的 88.6%（图 5-19-4）。

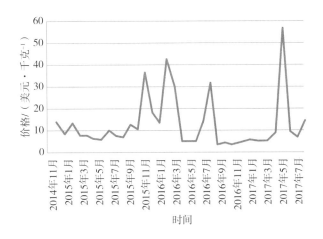

图 5-19-3　2014 年 11 月—2017 年 7 月中国进口钴价格

数据来源：作者根据相关资料计算得出

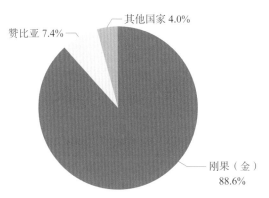

图 5-19-4　2016 年中国钴矿砂及其精矿主要进口
来源国家及占比

数据来源：中国海关信息网

第二十节　铌

一、概述

铌（Niobium），元素符号为 Nb，旧称"钶"。铌原子序数 41，原子量 92.91，是第 5 周期 V_B 族元素。

铌为银灰色金属，熔点 2468℃，沸点 4742℃，密度 8.57 克 / 厘米³，带光泽，具有顺磁性。高纯度铌金属的延展性较强，但会随杂质含量的增加而变硬。铌在低温状态下会呈现超导体性质。在标准大气压力下，它的临界温度是所有单质超导体中最高的，铌磁穿透深度也是所有元素中最高的。

室温下，铌在空气中稳定，在氧气中红热时也不被完全氧化，高温下与硫、氮、碳直接化合，能与钛、锆、铪、钨形成合金。铌不与无机酸或碱作用，也不溶于王水，但可溶于氢氟酸。铌的

氧化态以 +5 价化合物最稳定。铌的电正性比位于其左边的锆元素低。其原子大小与位于其下方的钽元素原子几乎相同，这是镧系收缩效应所致，这使得铌的化学性质与钽非常相近。

二、用途

铌在钢铁、超导、医疗、原子能、电子工业、钱币等领域均有应用。世界约 90% 的铌以铌铁形式用于钢铁生产；铌钛和铌锡是最重要的超导材料；高纯铌主要用于生产火箭、飞船的发动机和耐热部件；在原子能工业中作为核燃料的包套材料、核反应堆中热交换器的结构材料；铌酸盐陶瓷可用于制作电容器；铌酸锂、铌酸钾等化合物单晶是新型光电子学和电子学用晶体，广泛应用于红外线、激光技术和电子工业中；铌还可用于制作电子管及其他电真空器件；医疗领域中，

铌用于制造接骨板、颅骨板骨螺钉、种植牙根、外科手术用具等。

根据 BP 公司资料，具体分析铌的应用现状，高强度低合金钢铁占 90%，真空级铌铁占 4%，金属和合金占 3%，化学品占 3%（图 5-20-1）。

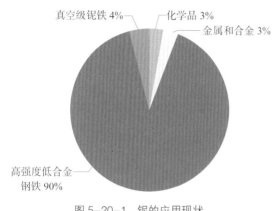

图 5-20-1 铌的应用现状
数据来源：BP公司

三、供应风险指标

1. 世界总产量和中国产量

2016 年，世界铌产量为 6.4 万吨，比 2015 年略有下降。巴西、加拿大为铌的主产国，其中巴西 2016 年产量为 5.8 万吨，约占世界总产量的 90.6%（表 5-20-1）。巴西冶矿公司、英国的英美资源集团及加拿大的亚姆黄金公司 3 家企业铌产量约占全球总产量的 95%。

中国铌产量很少，内蒙古包头白云鄂博铁稀土铌矿是其最大的铌资源地（Nb_2O_5）。

2. 储量

2016 年，全球铌资源储量超过 430 万吨，并且分布相对集中，仅巴西一国铌资源储量就有 410 万吨，占全球总储量的 95.3%；加拿大储量 20 万吨，占全球总储量的 4.7%，其他国家储量无数据（图 5-20-2）。目前，已经发现的铌矿床

表 5-20-1　2015—2016 年世界及主要产地铌产量

国 家	产量 / 万吨	
	2015 年	2016 年
巴 西	5.80	5.80
加拿大	0.58	0.58
其他国家	0.06	0.02
世界总产量	6.44	6.40

数据来源：Mineral Commodity Summaries

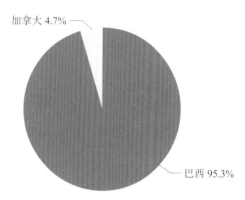

图 5-20-2 2016 年世界铌资源储量分布
数据来源：Mineral Commodity Summaries

主要分布在北美、南美和非洲，并且铌资源主要集中在世界上十几个大型矿床之中。截至 2016 年年底，中国查明铌铁矿资源和褐钇铌矿资源储量各约 1 万吨。

四、高技术指标

1. 环境影响

铌元素没有已知的生物用途。铌粉末会刺激眼部和皮肤，并有可能引发火灾，但成块铌金属完全不影响生物体。某一些铌化合物具有毒性。铌对环境的影响主要是其开采分离过程，以及应用于钢铁生产时带来的环境影响。

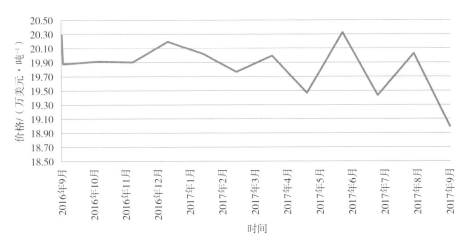

图 5-20-3　2016 年 9 月—2017 年 10 月中国进口铌铁价格走势

数据来源：作者根据相关资料计算得出

2. 共伴生

铌的主要矿物有铌铁矿、烧绿石和黑稀金矿、褐钇铌矿、钽铁矿、钛铌钙铈矿，均为伴生矿。中国江西宜春的钽、铌、锂、铷、铯、钾共生矿床，广西栗木的钽、铌、锡、钨共生矿床，内蒙古包头的铁、稀土、铌矿床，内蒙古包头白云鄂博铁稀土铌矿均为伴生矿。

3. 可替代性

钼和钒可替代铌作为高强度低合金钢中的合金元素，钽和钛可替代铌作为不锈钢和高强度钢中的合金元素，陶瓷、钼、钽、钨等可替代铌在高温中应用，但以上替代均可能带来性能损失和较高成本。

4. 回收利用

可从铌轴承钢和超合金中回收铌，但可回收的废料中铌含量不高。通过废料回收获得的铌数量很少，可以忽略不计。

五、市场应对指标

中国进口铌铁数量较大，远大于铌矿砂和

铌精矿。2016 年 10 月至 2017 年 9 月，中国共进口铌铁 2.4 万吨，均价为 19828 美元 / 吨（图 5-20-3）。

中国进口铌铁的最大来源国是巴西。2016 年 10 月至 2017 年 9 月，中国从巴西进口铌铁 2.2 万吨，占铌铁进口总量的 91.6%；从加拿大进口铌铁 0.2 万吨，占铌铁进口总量的 8.4%（图 5-20-4）。

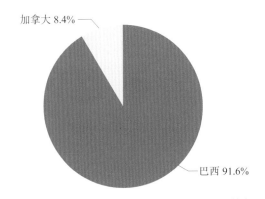

图 5-20-4　2016 年中国铌铁进口来源国家及其占比

数据来源：中国海关信息网

第二十一节　锡

一、概述

锡（Tin），元素符号是 Sn，在元素周期表中属 IV$_A$ 族的主族金属，原子序数为 50，相对原子质量为 118.69。锡在地壳中的含量为 0.004%，主要以二氧化（锡石）和各种硫化物（如硫锡石）的形式存在。

锡是银白色金属。纯锡质柔软，易弯曲，无毒。熔点 231.89℃，沸点 2260℃，密度 7.28 克/厘米^3。锡在常温下富有展性，特别是在 100℃时，展性非常好，可以展成极薄的锡箔，薄到 0.04 毫米以下，但延性很差，一拉就断，不能拉成细丝。同时，锡是一种既怕冷又怕热的金属，在不同的温度下，锡的形态完全不同。在 13.2 ～ 161℃的温度范围内，锡的性质最稳定。

锡有 10 种稳定的天然同位素，有 +2 和 +4 两种化合价。锡的 +2 价化合物不稳定，容易被氧化成稳定的 +4 价化合物。因此，锡的 +2 价化合物可作为还原剂使用。在常温下锡在空气中稳定，不易被氧化。在空气中，锡的表面因生成二氧化锡保护膜而稳定，在加热条件下氧化反应加快；锡与卤素在加热时反应生成四卤化锡。锡对水稳定，能缓慢溶于稀酸，较快溶于浓酸中；锡能溶于强碱性溶液；在氯化铁、氯化锌等盐类的酸性溶液中会被腐蚀。

二、用途

1. 生产锡焊料

国际锡研究协会数据显示，世界锡消费结构中，用于焊料的锡消费量占 53.9%。

2. 生产镀锡钢板

镀锡钢板的锡消费量占 16.3%。在 0.10 ～ 0.32 毫米厚的低碳钢板表面镀一层纯锡而制成的钢板，俗称马口铁。因为锡具有无毒环保的优点，镀锡钢板主要用于食品罐头、包装等领域。

3. 锡化工

锡化工消费量占 14.2%。在化工方面，锡主要用于生产锡的化合物和化学制品。锡的有机化合物主要用作木材防腐剂、农药等，锡的无机化合物主要用作催化剂、稳定剂、添加剂和陶瓷工业的乳化剂。

4. 其他行业

锡在其他行业的消费量占 15.6%（图 5-21-1）。在冶金工业中，锡是合金钢的添加剂。最常见的合金有锡与锑、铜合成的锡基轴承合金和与铅、锡、锑合成的铅基轴承合金，它们可以用来制造汽轮机、发电机、飞机等承受高速高压机械设备的轴承。含锡的青铜，目前主要用来制造耐磨零件和耐腐蚀的设备，广泛应用于船舶、化工、

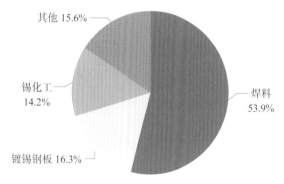

图 5-21-1　锡的应用现状

资料来源：国际锡研究协会

建筑、货币等工业。另外，在铅酸蓄电池和浮法玻璃及锡工艺品领域都有诸多应用。

三、供应风险指标

1. 世界总产量和中国产量

2016 年，世界锡矿产量为 28 万吨（金属，下同），比 2015 年减少 0.9 万吨。主要的锡资源生产国包括中国、印度尼西亚、缅甸、巴西、玻利维亚和秘鲁，其产量分别为 10 万吨、5.5 万吨、3.3 万吨、2.6 万吨、2.0 万吨和 1.8 万吨，上述 6 国产量合计占世界总产量的 90%（表 5-21-1；图 5-21-2）。

2. 储量

2016 年，世界锡资源储量为 470 万吨。从国别看，世界锡矿资源集中在中国、印度尼西亚和巴西。其中，中国的资源储量为 110 万吨，印度尼西亚为 80 万吨，巴西为 70 万吨；其次是玻利维亚、澳大利亚和俄罗斯，储量分别为 40 万吨、37 万吨和 35 万吨。上述国家合计锡资源储量约占世界锡资源总储量的 79.1%，其他国家合计锡资源储量约占世界锡资源总储量的 20.9%（图 5-21-3）。美国地质调查局（2017）认为，全球的锡资源分布是很广泛的，主要是在非洲西部、亚洲东南部、澳大利亚、玻利维亚、巴西、中国、印度尼西亚和俄罗斯，如果这些地区的资源被开发，可以将近期的年生产率维持至未来。

中国的锡矿资源储量非常丰富。截至 2016 年

表 5-21-1　2015—2016 年世界及主要产地锡矿产量

国　家	产量 / 万吨	
	2015 年	2016 年
玻利维亚	2.00	2.0
巴　西	2.50	2.6
缅　甸	3.43	3.3
中　国	11.00	10.0
印度尼西亚	5.20	5.5
秘　鲁	1.95	1.8
其他国家	2.82	2.8
世界总量	28.90	28.0

数据来源：Mineral Commodity Summaries

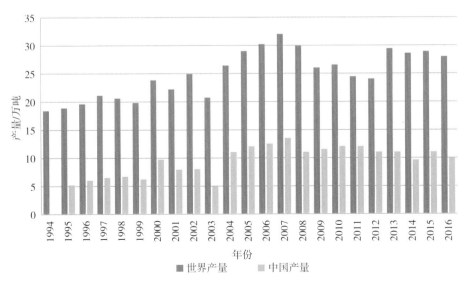

图 5-21-2　1994—2016 年世界和中国锡矿产量

数据来源：Mineral Commodity Summaries

年底，中国查明锡矿资源储量主要分布在云南、广西、广东、湖南、内蒙古、江西6个省（自治区）。

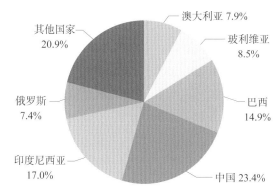

图 5-21-3　2016 年世界锡资源储量分布

数据来源：Mineral Commodity Summaries

四、高技术指标

1. 环境影响

金属锡是无毒环保的。锡冶炼工人在锡烟尘浓度 9.362 毫米/米³ 环境中工作，有锡尘肺发生。临床上有咳嗽、咳痰、胸闷等症状，多数患者无肺功能改变。胸部 X 射线片典型表现为两肺野广泛分布的成簇状圆形或类圆形小斑点状阴影，似分瓣的小桂花朵，但彼此不融合，其直径可达 3～5 毫米，密度高，边缘锐利。肺门常无扩大。长期接触四氯化锡的工人可有呼吸道刺激症状和消化道症状，如恶心、上腹部不适、便秘，时有肩部和足部疼痛等。四氯化锡也可引起皮肤溃烂和湿疹。

有机锡化合物大多具有中等至高度毒性，其中三烃基锡、四烃基锡化合物能导致中枢神经系统的严重损害。

2. 共伴生

由于自然界的锡很少呈游离状态存在，所以很少有纯净的金属锡。含锡的主要矿物是锡石，其化学成分为二氧化锡，也以硫化锡和铅锌锡砷多金属伴生矿形式存在。

3. 可替代性

在一些领域，锡可以为其他材料所替代。如在金属罐等容器的生产中，铝、玻璃、纸、塑料及不含锡的钢都可以替代锡；环氧树脂可以在焊接时替代锡；铝合金、铜基合金及塑料都可以在生产青铜时替代锡；塑料还可以在轴承合金的生产中替代锡；铅化合物及钠化合物也可以替代一部分锡化合物。

4. 回收利用

锡废料的来源广泛，包括锡冶炼过程中的废渣、烟尘，锡材边角料、电子废弃物、锡箔灰等。从含锡合金废料中回收锡，直接用于生产新合金也是再生锡的发展方向之一。含锡量高的合金可用粗锡真空蒸馏除铅铋和粗锡结晶机除铅铋相结合的方法进行处理；含锡低于 5% 的合金可用氧化法或碱法回收。目前，中国再生锡产量占锡总产量的 30%，回收利用前景广阔。

五、市场应对指标

1. 进口价格

中国未锻轧的铜锡合金（青铜）的进口平均单价在近几年波动比较大，最高时达到 9375 美元/吨，最低为 2093 美元/吨（图 5-21-4）。

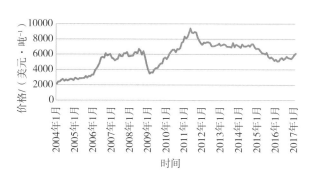

图 5-21-4　2004—2017 年中国未锻轧的铜锡合金（青铜）进口平均单价

数据来源：作者根据相关资料计算得出

2.进口数量和产地

2016 年，中国精炼锡进口量为 9633 吨，同比下降 1.2%，整体水平仍处在近 5 年来的低水平。中国进口精炼锡主要来自玻利维亚（4080 吨，占总进口量的 42.4%）、印度尼西亚（2044 吨，占总进口量的 21.2%）、马来西亚（981 吨，占总进口量的 10.2%）；其他进口来源的国家分别为泰国、新加坡、印度等，但进口量很小（图 5-21-5 ）。

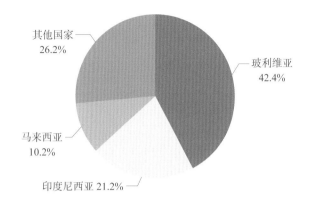

图 5-21-5　2016 年中国精锡进口来源国家及其占比

数据来源：中国海关信息网

第二十二节　钨

一、概述

钨（Tungsten），元素符号为 W，原子序数为 74。钨属于有色金属。钨在地壳中的含量为 0.001%，已发现的钨矿物和含钨矿物有 20 余种，但其中具有开采经济价值的只有黑钨矿和白钨矿，黑钨矿约占全球钨矿资源总量的 30%，白钨矿约占 70%。

钨为银白色金属，外形似钢；密度为 19.35 克／厘米^3，除铼、铂、铍外，是所有金属中密度最大的，熔点为 3422℃，沸点为 5927℃，熔点和沸点是所有金属元素中最高的；蒸发速度慢。

钨属于 VI_B 族金属，化学性质很稳定，常温下不与空气和水反应，不与任何浓度的盐酸、硫酸、硝酸、氢氟酸发生反应，但可以迅速溶解于氢氟酸和浓硝酸的混合酸中；在碱溶液中则不起作用。

二、用途

1. 合金领域

钨的硬度很高，密度大，因而能够提高钢的强度、硬度和耐磨性，是一种重要的合金元素，被广泛应用于各种特种钢材的生产中，在军工领域具有广泛的用途。钨的碳化物具有高耐磨性和难熔性，其硬度接近于金刚石，因而常被用于硬质合金中。钨因其高熔点和高硬度，常被用来生产热强和耐磨合金。

2. 电子领域

钨的可塑性强，蒸发速度慢，熔点高，电子发射能力强，因而钨及其合金被广泛应用于电子和电源工业。例如，钨丝的发光率高、使用寿命长，因而被广泛应用于制造各种灯泡灯丝中，如白炽灯、碘钨灯等。钨丝还可用于制造电子振荡管的直热阴极和栅极，以及各种电子仪器中旁热阴极加热器。钨的特性使其也很适合用于 TIG 焊接及其他类似这种工作的电极材料。

3. 化工领域

钨的化合物常用作催化剂和无机颜色，如二硫化钨在合成汽油的制取中用作润滑剂和催化剂，青铜色的氧化钨被用在绘画中，含钙或镁的钨常用在荧光粉中。

据 BP 公司数据，具体分析钨的应用现状，烧结碳化物占 60%，合金钢占 13%，超合金占 6%，钨合金占 4%，其他占 17%（图 5-22-1）。

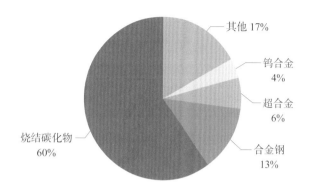

图 5-22-1　钨的应用现状
数据来源：BP公司

三、供应风险指标

1. 世界总产量和中国产量

美国地质调查局（2017）数据显示，2016 年全球钨资源产量为 8.64 万吨（金属含量，下同），中国作为主要生产国，其钨产量（7.1 万吨）约占世界产量的 82.2%。与 2015 年相比，2016 年中国钨产量减少 2.7%；其他钨主产国有越南（0.6 万吨）、俄罗斯（0.26 万吨）、玻利维亚（0.14 万吨）（表 5-22-1；图 5-22-2）。

表 5-22-1　2015—2016 年世界及主要产地钨产量

国　家	产量 / 吨	
	2015 年	2016 年
奥地利	861	860
玻利维亚	1460	1400
中　国	73000	71000
俄罗斯	2600	2600
卢旺达	850	770
西班牙	835	800
越　南	5600	6000
其他国家	4194	2970
世界总量	89400	86400

数据来源：Mineral Commodity Summaries

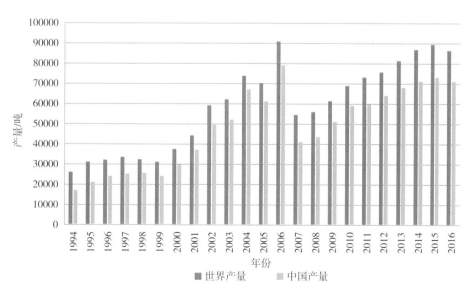

图 5-22-2　1994—2016 年世界和中国钨产量
数据来源：Mineral Commodity Summaries

2. 储量和储产比

2016 年，世界钨资源储量超过 309.73 万吨，储产比为 35.88。从国别看，世界钨资源集中在中国（190 万吨）、加拿大（29 万吨）、越南（9.5 万吨）、俄罗斯（8.3 万吨）等地，上述 4 个国家的钨资源储量合计占全球总储量的 76.4%（表 5-22-2；图 5-22-3）。

表 5-22-2　2016 年世界钨资源储量分布

国　家	储量 / 万吨
奥地利	1.00
加拿大	29.00
中　国	190.00
俄罗斯	8.30
西班牙	3.20
英　国	5.10
越　南	9.50
其他国家	63.63
世界总量	309.73

数据来源：Mineral Commodity Summaries

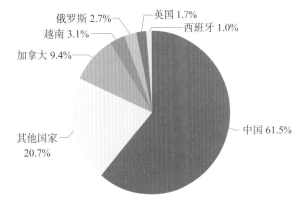

图 5-22-3　2016 年世界钨储量分布
数据来源：Mineral Commodity Summaries

中国钨矿主要分布于南岭山地两侧，尤其以江西省南部为最多，储量约占全世界的二分之一以上。江西、湖南、河南 3 省的钨资源储量居全国的前三位，其中江西、湖南两省的钨资源储量占全国的 55.5%。湖南钨矿以白钨为主，江西钨矿以黑钨为主，其黑钨资源占全国黑钨资源总量的 42.4%。

四、高技术指标

1. 环境影响

钨的化合物，如碳化钨粉尘、钨酸钠、氧化钨、碳化钨等，长时间过量接触可能会刺激皮肤和眼睛，使皮肤和眼睛发炎红肿，引发诸如哮喘等呼吸道疾病，导致胃肠道功能紊乱等。

2. 共伴生

黑钨矿和钨锰矿主要产于高温热液石英脉内及其云英岩化围岩中，共生矿物有锡石、辉钼矿、辉铋矿、毒砂、黄铁矿、黄铜矿、黄玉、绿柱石、电气石等。

3. 可替代性

钨硬质合金的潜在替代品包括碳化钼硬质合金和碳化钽、陶瓷、陶瓷金属复合材料（金属陶瓷）和工具钢。其他应用的潜在替代品如下：钼代替特定的钨制品；基于碳纳米管灯丝的照明、灯泡感应技术代替基于钨电极或灯丝的发光二极管；在需要高密度或屏蔽辐射能力的应用中贫铀和铅代替钨或钨合金；贫铀合金、淬火钢代替碳化钨硬质合金或钨合金在穿甲弹中的应用。

4. 回收利用

目前，全球钨的供给主要由两部分构成：一部分是新产钨精矿供应，这部分约占钨总供给量的 76%，其中 66% 进入最终的钨产品，10% 成为生产过程中的废料用于重新生产；另一部分来自钨的二次资源回收利用，即对钨生产过程中的固体废渣及终端消费品废弃物的回收再利用，如废旧的硬质合金、钨材、合金钢、钨触点材料及化工催化剂等，该部分大约占24%。中国的钨资源回收利用占比不足3%。因此，中国钨资源供应以原生矿为主，回收利用前景广阔。

五、市场应对指标

1. 进口价格

近几年，中国钨矿砂及其精矿进口平均单价波动幅度较大，呈明显的下跌趋势，最低点

价格为2675.8美元/吨。2017年8月的价格为6560.3美元/吨（图5-22-4）。

2. 进口数量和产地

2016年，中国钨矿砂及精砂进口量为4079.2吨，比2015年（4832.3吨）减少15.6%；进口金额为2293.7万美元，比2015年（3595.3万美元）减少36.2%。进口产地主要为俄罗斯联邦（1259.4吨）和蒙古（1101.7吨），分别占进口总量的30.9%和27.0%（图5-22-5）。

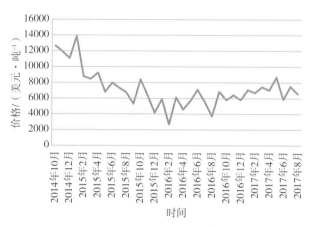

图5-22-4　2014年10月—2017年8月中国钨矿砂及其精矿进口平均单价

数据来源：作者根据相关资料计算得出

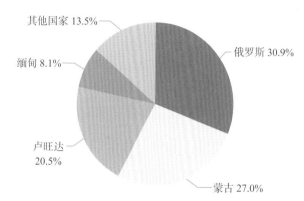

图5-22-5　2016年中国钨矿砂及其精矿进口来源国家及占比

数据来源：中国海关信息网

第二十三节　镓

一、概述

镓（Gallium），元素符号为Ga，在元素周期表中属ⅢA族元素，原子序数31。

镓为淡蓝色金属，在29.76℃时变为银白色液体。沸点2403℃，密度5.904克/厘米³。微

溶于汞，形成镓汞齐。镓能浸润玻璃，故不宜使用玻璃容器存放。受热至熔点时变为液体，再冷却至0℃而不固化，由液体转变为固体时，其体积增大约3.2%。常温时镓在干燥空气中稳定，易水解。

镓在潮湿空气中氧化，加热至500℃时燃烧。

室温时与水反应缓慢，与沸水反应剧烈，生成氢氧化镓并放出氢气。加热时溶于无机酸或苛性碱溶液，能与卤素、硫、磷、砷、锑等反应。在干燥空气中较稳定并生成氧化物薄膜阻止继续氧化，在潮湿空气中失去光泽。镓是两性金属，与碱反应放出氢气，生成镓酸盐，也能被冷浓盐酸浸蚀，对热硝酸显钝性，高温时能与多数非金属反应。

二、用途

1. 在能源部门的用途

镓可用于高亮度发光二极管和光伏电池的生产；铜铟镓硒（CIGS）技术用于薄膜电池的制造中，半导体 CIGS 相比晶体硅能更有效地吸收太阳光；多接点砷化镓基太阳能电池是目前最有效的光伏设备，所以航天应用非常青睐它；纯镓及低熔合金可作核反应的热交换介质。

2. 在非能源部门的用途

半导体材料砷化镓（GaAs）是二极管、晶体管、微波系统及手机（尤其是智能手机）中光电池的重要材料，砷化镓还应用在 CD 机和扫描仪的激光中。镓的放射性盐被用于核医学，并有了小规模的制药应用。^{68}Ga 会发射正电子，可以用于正电子断层成像。镓铟合金可用于汞的替代品。

据 BP 公司数据，具体分析镓的应用现状，集成电路占 66%，激光二极体 / 发光二极管占 18%，光电探测器和太阳能电池占 2%，其他占 14%（图 5-23-1）。

三、供应风险指标

1. 世界总产量和中国产量

2016 年，世界低品位镓产量约为 375 吨，比 2015 年的 470 吨下降 20.2%（图 5-23-2）。由于存在过剩的镓，所以中国以外的大部分低

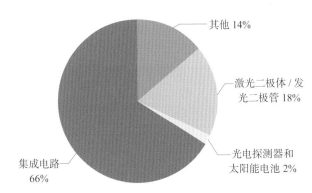

图 5-23-1　镓的应用现状
数据来源：BP公司

品位镓生产国受到限制。中国、德国、日本和乌克兰是低品位镓的主要生产国，其次是匈牙利、韩国和俄罗斯。2016 年，初级精炼镓产量约为 180 吨，日本、英国和美国是高纯镓的主要生产国，而加拿大、德国、日本、英国和美国已经从新废料中回收镓。

2. 储量

镓在其他金属矿石中的含量非常低，大多数镓是作为加工铝土矿的副产品生产的，其余的是由加工锌矿的残渣生产的。铝土矿和锌矿中只有一部分镓是可回收的，控制回收的条件也非常严格。据估计，世界铝土矿资源中的镓含量超过 100 万吨，世界锌矿资源中的镓含量也是相当可观的。

四、高技术指标

1. 环境影响

镓和镓的化合物有微弱的毒性，但是没有任何文献表明镓有生殖毒性；相反，硝酸镓可以治疗某些疾病。镓容易附着到桌面、手及手套上，留下黑色的斑迹。

2. 共伴生

镓不以纯金属状态存在，而以硫镓铜矿

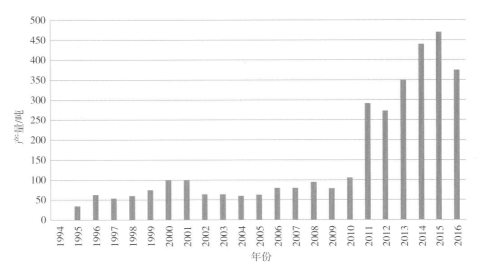

图 5-23-2 1994—2016 年世界镓产量

数据来源：Mineral Commodity Summaries

（CuGaS₂）形式存在，不过很稀少。镓是闪锌矿、黄铁矿、矾土及锗石工业处理过程中的副产品，在高温灼烧锌矿时，镓以化合物的形式挥发出来，在烟道里凝结，经电解、洗涤可以制得粗镓，再经提炼可得高纯度镓。镓还常与铟和铊共生。

3. 可替代性

美国地质调查局认为，由有机化合物制成的液晶可作为发光二极管的替代品；硅基互补金属氧化物半导体功率放大器可以有效替代中型3G 蜂窝手机中的砷化镓功率放大器；在某些特定的应用中，磷化铟组分可以替代砷化镓红外激光二极管，氦氖激光器可以替代可见激光二极管中的砷化镓；硅在太阳能电池应用中可有效替代砷化镓；异质结双极晶体管中的砷化镓可以被硅锗替代；在国防相关应用中，基于砷化镓的集成电路没有有效替代物。

4. 回收利用

目前，再生镓的生产回收主要集中在日本、美国等终端消费国家，中国在生产光电产品如砷化镓的过程中所产生的晶圆废料、封装不良品、研磨粉屑、蒸镀锅垢及废水处理污泥等 5 类废弃物中也可回收金属镓，但由于受市场价格影响，中国国内鲜有再生镓的回收生产。分离镓是再生回收技术的关键，得到镓富集物后再按通常的冶金方法制取产品镓。对砷化镓的再生回收还需防范砷的污染和危害。

五、市场应对指标

中国海关数据显示，2017 年 3—10 月，中国国内镓（≥ 99.99%）的价格稳定在 800～900元 / 千克之间，高纯镓（≥ 99.9999%）的价格稳定在 900～1000 元 / 千克之间，波动较小（图5-23-3）。

2016 年，中国铍、铬、锗、钒、镓、铪、铟、铼、铌、铊及其制品出口量为 2814.2 吨，比 2015 年减少 51.3%。2016 年，中国铍、铬、锗、钒、镓、铪、铟、铼、铌、铊及其制品的出口国主要集中在日本、美国、韩国和印度，其出口量分别为 896.5 吨、873.5 吨、227.4 吨和 203.0 吨（图 5-23-4）。

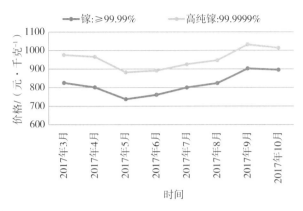

图 5-23-3　2017 年 3—10 月中国国内镓价格

数据来源：作者根据相关资料计算得出

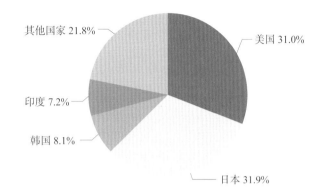

图 5-23-4　2016 年中国铍、铬、锗、钒、镓、铪、铟、铼、铌、铊及其制品主要出口国家及占比

数据来源：中国海关信息网

第二十四节　锗

一、概述

锗（Germanium），元素符号为 Ge，在化学元素周期表中属 IV_A 族，原子序数是 32，灰白色类金属。锗在自然界中分布很散很广，铜矿、铁矿、硫化矿、岩石、泥土和泉水中都含有微量的锗，但没有比较集中的锗矿。因此，锗被称为"稀散金属"。

锗为粉末状时呈暗蓝色，结晶状时为银白色脆金属。锗是稀有金属，重要的半导体材料，不溶于水；密度 5.35 克 / 厘米³，熔点 938.25℃，沸点 2830℃；晶胞为面心立方晶胞，每个晶胞含有 4 个金属原子。

锗的化学性质稳定，常温下不与空气或水蒸气作用，但在 600～700℃时，能很快生成二氧化锗。与盐酸、稀硫酸不起作用；在浓硫酸加热时，锗会缓慢溶解；在硝酸、王水中，锗易溶解。碱溶液与锗的作用很弱，但熔融的碱在空气中能使锗迅速溶解。锗与碳不发生反应，所以在石墨坩埚中熔化锗，不会被碳污染。

二、用途

1. 在能源部门的用途

锗的半导体性能和锗晶体管的发展在固体电子学上应用广泛，包含锗的电子芯片与硅芯片技术相比，有更低的功耗和更快的速度。锗可用于发光二极管的生产，还可用于光伏电池的生产，基锗光伏已经在空间技术中得到应用。

2. 在非能源部门的用途

锗主要用于纤维光学，在光学纤维的核心中用作掺杂剂，来增加纯硅玻璃核心的折光率，如红外系统里的镜头。二氧化锗是生产对苯二甲酸（PET）产品的聚合催化剂，而 PET 是制造塑料瓶的主要材料。

据 BP 公司数据，具体分析锗的应用现状，纤维光学占 30%，催化剂（聚合物）占 25%，红外线光学占 25%，电子和太阳能设备的零件占 25%，其他占 5%（图 5-24-1）。

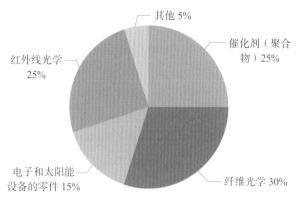

图 5-24-1　锗的应用现状
数据来源：BP公司

三、供应风险指标

1. 世界总产量和中国产量

2016 年，世界锗资源产量为 155 吨，与 2015 年相比略有下降。主要的锗资源生产国包括中国和俄罗斯，其产量分别为 110 吨和 5 吨（表 5-24-1；图 5-24-2）。

表 5-24-1　2015—2016 年世界及主要产地锗产量

国　家	产量 / 吨	
	2015 年	2016 年
中　国	115	110
俄罗斯	5	5
其他国家	40	40
世界总产量	160	155

数据来源：Mineral Commodity Summaries

2. 储量

2016 年，全球锗资源储量近 8600 吨，其中美国为 3870 吨，占全球保有资源储量的 45.0%；其次为中国，储量为 3500 吨，占全球资源储量的 40.7%。美国和中国的锗资源储量合计占全球总量的 85.7%（图 5-24-3）。

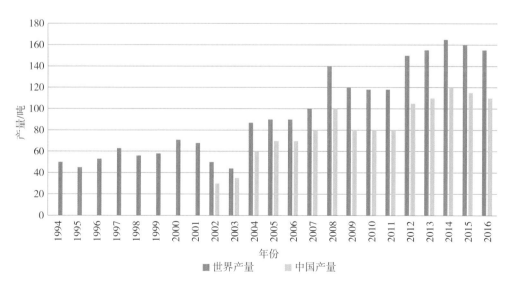

图 5-24-2　1994—2016 年世界和中国锗产量
数据来源：Mineral Commodity Summaries

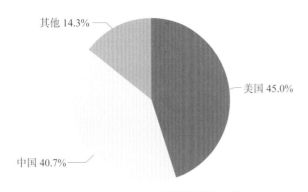

图 5-24-3　2016 年世界锗资源储量分布

数据来源：Mineral Commodity Summaries

四、高技术指标

1. 环境影响

锗的一些化合物能危害人体健康，如四氯化锗（液体）及甲锗烷（气体）能对眼睛、皮肤、肺部和咽部造成很大的刺激。

2. 共伴生

锗在自然界中分布很散很广，铜矿、铁矿、硫化矿以及岩石、泥土和泉水中都含有微量的锗。已发现的锗矿有硫银锗矿（含锗 5% ～ 7%）、锗石（含锗 10%）、硫铜铁锗矿（含锗 7%），锗还常夹杂在许多铅矿、铜矿、铁矿、银矿中，就连普通的煤中一般也含有十万分之一左右的锗。

3. 可替代性

美国地质调查局认为，在某些电子应用中，硅可以替代锗；某些金属化合物可替代高频电子和发光二极管中的锗；在红外系统中，可以用硒化锌和锗玻璃代替锗金属，但往往会降低产品性能；在聚合催化剂中，锑和钛可以代替锗。

4. 回收利用

全球锗总消费量的 30% 来源于回收材料。从锗加工废料中回收锗非常重要，自冶炼到制成锗晶体管整个过程，特别是区熔提纯、拉制单晶、切片、磨片和抛光锗片的加工过程中，会产生大量的含锗废料，这些废料都是优质的锗再生资源。在锌冶炼过程中，也可以二次回收锗。

五、市场应对指标

中国海关数据显示，2015 年 1 月，中国锗的氧化物及二氧化锗进口平均单价为 21.0 美元 / 千克，之后锗的氧化物及二氧化锗进口价格总体水平略有下降，但是波动很大。2015 年 7 月，达到价格最高点 29.4 美元 / 千克；2017 年 8 月，达到价格最低点 4.7 美元 / 千克（图 5-24-4）。

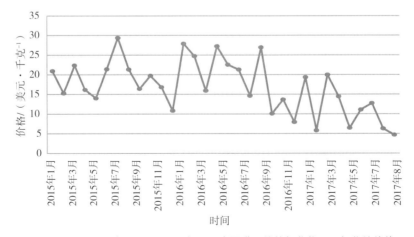

图 5-24-4　2015 年 1 月—2017 年 8 月中国进口锗的氧化物及二氧化锗价格

数据来源：作者根据相关资料计算得出

2016 年，中国锗的氧化物及二氧化锗出口量为 1.34 万吨，主要出口国为澳大利亚、南非和莫桑比克，出口量分别为 2844.5 吨、1680.9 吨和 1033.1 吨，占总出口量的 71.1%（图 5-24-5）。

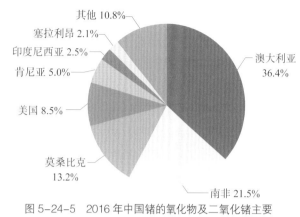

图 5-24-5　2016 年中国锗的氧化物及二氧化锗主要出口国家及其占比

数据来源：中国海关信息网

第二十五节　铟

一、概述

铟（Indium），元素符号为 In，原子序数 49。铟为 III_A 族金属元素，原子量 114.8。

铟为银白色并略带淡蓝色的金属，质地非常软，能用指甲刻痕；可塑性强，有延展性，可压成片；熔点 156.61℃，沸点 2060℃，相对密度 7.31 克/厘米³。液态铟能浸润玻璃，并且会黏附在接触过的玻璃表面上，留下黑色的痕迹。

从常温到熔点之间，铟与空气中的氧作用缓慢，表面形成极薄的氧化膜（In_2O_3），温度更高时，与活泼非金属作用。大块金属铟不与沸水和碱溶液反应，但粉末状的铟可与水缓慢地作用，生成氢氧化铟。铟与冷的稀酸作用缓慢，易溶于浓热的无机酸和乙酸、草酸。铟能与许多金属形成合金（尤其是铁，黏有铁的铟会显著地被氧化）。铟的主要氧化态为 +1 和 +3，主要化合物有 In_2O_3、$In(OH)_3$、$InCl_3$，与卤素化合时，能分别形成一卤化物和三卤化物。

二、用途

1. 用于生产 ITO 靶材

铟的最大贡献是，铟锭因其光渗透性和导电性强，在液晶显示器（LCD）和平板屏幕中具有非常重要的作用，从而会节约大量的电力。使用液晶显示器的电视机、计算机显示器和许多其他的显示器都比传统阴极射线管显示器更加节能，并且在全球销量更大。这是铟锭的主要消费领域，占全球铟消费量的 70%。

2. 用于电子半导体、焊料和合金领域

铟用在半导体铜铟镓硒化合物（CIGS）中，使薄膜光伏电池相比其他薄膜技术的性能更好。现今 CIGS 电池产量很小，但随着光伏市场快速增长，CIGS 电池具有巨大的增长潜力。如果这些电池和晶体系统的制造成本都下降，那么竞争力将提升。美国地质调查局估计，生产 1 千兆瓦电池需要 50 吨的铟。目前，电子半导体领域的铟消费量占全球消费量的 12%，焊料和合金领

域占 12%，研究行业占 6%。另因其较软的性质，铟在某些需填充金属的行业上也用于压缝，如较高温度下的真空缝隙填充材料。

3. 用于核工业

铟也用在核反应堆的操纵杆中。

4. 用于医学领域

肝、脾、骨髓扫描用铟胶体；脑、肾扫描用铟 - DTPA；肺扫描用铟颗粒；胎盘扫描用铟 Fe 抗坏血酸；肝血池扫描用铟输铁蛋白。

5. 其他用途

铟合金有很多相关的小规模用途，例如在牙科行业的应用。

据 BP 公司数据，具体分析铟的应用现状，平板显示器占 74%，其他铟锡氧化物占 10%，低熔点合金占 10%，其他占 6%（图 5-25-1）。

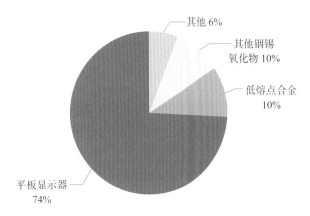

图 5-25-1　铟的应用现状

数据来源：BP公司

三、供应风险指标

1. 世界总产量和中国产量

2016 年，世界铟资源产量为 655 吨（金属含量，下同），较 2015 年减少 104 吨。主要的铟资源生产国包括中国（290 吨）、韩国（195 吨），两国产量合计占世界总产量的 74%（表 5-25-1；图 5-25-2）。

表 5-25-1　2015—2016 年世界及主要产地铟产量

国　家	产量 / 吨	
	2015 年	2016 年
比利时	20	25
加拿大	70	65
中　国	350	290
日　本	70	70
韩　国	195	195
其他国家	54	10
世界总产量	759	655

数据来源：Mineral Commodity Summaries

2. 储量

美国地质调查局数据显示，铟资源比较丰富的国家有中国、秘鲁、美国、加拿大和俄罗斯，上述 5 国铟储量占全球总量的 80.6%。截至 2016 年年底，中国查明铟矿资源储量主要在云南、广西和内蒙古 3 省（自治区），这 3 个省（自治区）储量合计约占全国总储量的 76%。

四、高技术指标

1. 环境影响

直到 20 世纪 90 年代中期，人们还普遍认为纯金属形式的铟是没有毒性的，是一种安全的金属。在焊接和半导体行业，人与铟的接触相对较多，但没有任何关于铟有毒副作用的报告。实际上，铟的化合物可能不是这样，有一些未经证实的证据表明，铟的化合物有低水平的毒性。例如，无水三氯化铟有相当的毒性，而磷化铟不但有毒，且是可疑致癌物质。

2. 共伴生

铟在地壳中的含量为 1×10^{-7}，它虽然也有独立矿物，但量极少，铟主要存在于铁闪锌矿、赤铁矿、方铅矿及其他多金属硫化物矿石中。此

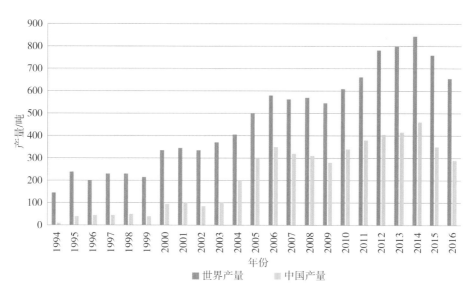

图 5-25-2 1994—2016 年世界和中国铟产量
数据来源：Mineral Commodity Summaries

外锡矿石、黑钨矿、普通角闪石中也含有铟。由于未发现独立铟矿，工业通过提纯废锌、废锡的方法生产金属铟。

3. 可替代性

锑锡氧化物涂层已被开发作为氧化铟锡的替代品用在液晶显示屏和液晶玻璃上；碳纳米管涂层也可作为氧化铟锡的替代品用于柔性显示器、太阳能电池和触摸屏上；石墨烯已被开发用来代替太阳能电池中的氧化铟锡电极，并已被探索作为氧化铟锡在柔性触摸屏中的替代品；研究人员已经开发出一种纳米氧化锌在液晶显示器中取代氧化铟锡纳米粉体，砷化镓可以代替太阳能电池中的磷化铟和许多半导体应用。因此，铟在功能上具有一定的可替代性。

4. 回收利用

原生铟主要产于铅锌矿，再生铟主要产于各种废旧资源的回收利用。日本等发达国家的铟主要产于二次资源，以再生铟为主；中国的铟主要产于铅锌矿，以原生铟为主。铟属于稀散金属，

是稀缺资源。全球预估铟储量仅 5 万吨，其中可开采的铟占 50%。由于未发现独立铟矿，工业通过提纯废锌、废锡的方法生产金属铟，回收率为 50% ～ 60%，这样，真正能得到的铟只有 1.5 万～ 1.6 万吨。据中国 ITO 靶材产量估计，2016 年中国再生铟产量占比达到 11.6%。

五、市场应对指标

1. 进口价格

中国锻轧的铟及其制品进口平均单价波动比较剧烈，最高时达到 2216.4 美元 / 千克，最低为 325.6 美元 / 千克（图 5-25-3）。

2. 进口数量和产地

2016 年，中国未锻轧铟（含废碎料和粉末）的进口量为 104.1 吨，比 2015 年（50.2 吨）增加 107.4%；2016 年进口金额为 2073.6 万美元，比 2015 年（1450.9 万美元）增加 42.9%。进口产地主要为韩国和美国，分别占进口总量的 27.1% 和 24.3%（图 5-25-4）。

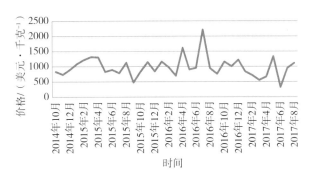

图 5-25-3　2014 年 10 月—2017 年 8 月中国锻轧的铟
及其制品进口平均单价

数据来源：作者根据相关资料计算得出

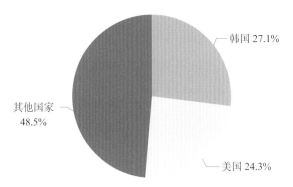

图 5-25-4　中国锻轧铟及其制品进口来源国家及占比

数据来源：中国海关信息网

第二十六节　铅

一、概述

铅（Lead），元素符号为 Pb，原子序数为 82。铅的相对原子质量为 207.2，是 IV_A 族元素。铅在地壳中的含量为 0.0016%，自然界中存在很少量的天然铅，主要矿石是方铅矿。作为常用的有色金属，铅的年产消量在有色金属中继铝、铜、锌后排在第四位。

铅是一种略带蓝色的银白色金属；延性弱，展性强，抗放射性和穿透性能好；铅熔点为 327.502℃，沸点为 1749℃，密度是 11.3437 克 / 厘米 ^{3}，莫氏硬度 1.5。

在潮湿及含有 CO_2 的空气中，铅金属表面会形成一层暗灰色的 PbO_2 薄膜，从而失去金属光泽。在加热条件下，铅能很快与氧、硫、卤素化合；铅与冷盐酸、冷硫酸几乎不起作用，能与热或浓盐酸、硫酸反应；铅与稀硝酸反应，但与浓硝酸不反应；铅能缓慢溶于强碱性溶液。

二、用途

铅具有高密度、良抗蚀性、低熔点、柔软、易加工等特性，因此在许多工业领域中得到应用。铅板和铅管广泛用于制酸工业、蓄电池、电缆包皮及冶金工业设备的防腐衬里；铅能吸收放射性射线，可作原子能工业及 X 射线仪器设备的防护材料；铅能与锑、锡、铋等配制成各种合金，如熔断保险丝、印刷合金、耐磨轴承合金、焊料、榴霰弹弹丸、易熔合金及低熔点合金模具等；铅的化合物四乙基铅可作汽油抗爆添加剂和颜料，还可以用作建筑工业隔音和装备上的防震材料等。

三、供应风险指标

1. 世界总产量和中国产量

美国地质调查局（2017）数据显示，2016 年世界铅资源产量为 482 万吨（金属含量，下同），中国（240万吨）和澳大利亚（50万吨）为两大主产国，两国铅产量约占全球产量的60.17%。与2015年相比，2016年中国铅产量上涨2.56%，而澳大利亚铅产量下降23.31%。其他铅主产国有美国（33.5万吨）、秘鲁（31.0万吨）、墨西哥（25.0万吨）、俄罗斯（22.5万吨）（表5-26-1；图5-26-1）。

表5-26-1　2015—2016年世界及主要产地铅产量

国　　家	产量 / 万吨	
	2015年	2016年
美　国	36.7	33.5
澳大利亚	65.2	50.0
中　国	234.0	240.0
印　度	13.6	13.5
墨西哥	25.4	25.0
秘　鲁	31.6	31.0
俄罗斯	22.5	22.5
其他国家	66.0	66.5
世界总量	495.0	482.0

数据来源：Mineral Commodity Summaries

2. 储量和储产比

2016年，世界铅储量超过8800万吨，储产比为18.26。从国别看，世界铅资源集中在澳大利亚（3500万吨）、中国（1700万吨）、俄罗斯（640万吨）、秘鲁（630万吨）、墨西哥（560万吨）、美国（500万吨）等地，这6个国家的铅资源量占全球铅资源总量的85.6%（表5-26-2；图5-26-2）。

表5-26-2　2016年世界铅资源储量分布

国　　家	储量 / 万吨
美　国	500
澳大利亚	3500
中　国	1700
墨西哥	560
秘　鲁	630
俄罗斯	640
其他国家	1270
世界总量	8800

数据来源：Mineral Commodity Summaries

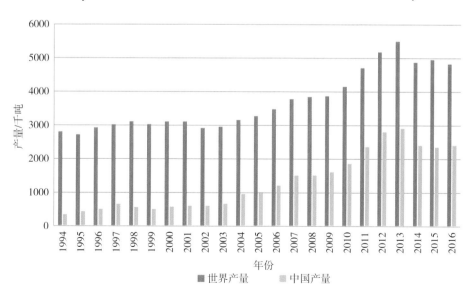

图5-26-1　1994—2016年世界和中国铅产量

数据来源：Mineral Commodity Summaries

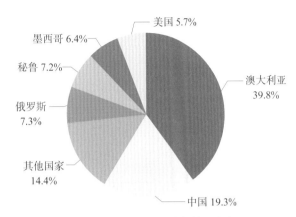

图 5-26-2　2016 年世界铅储量分布

数据来源：Mineral Commodity Summaries

截至 2016 年，中国铅矿查明资源储量为 8546.8 金属万吨，比 2015 年净增 779.8 万吨，增长 10.0%，从新增储量来看，主要集中在新疆、西藏、青海、内蒙古和安徽 5 省（自治区）。

四、高技术指标

1. 环境影响

铅对环境的污染，一是由冶炼、制造和使用铅制品的工矿企业，尤其是来自有色金属冶炼过程中所排出的含铅废水、废气和废渣造成；二是由汽车排出的含铅废气造成，由于汽油中用四乙基铅作为抗爆剂，故在汽油燃烧过程中，铅便随汽车排出的废气进入大气。但近几年，随着国家和企业对环境保护工作的重视，铅对环境的污染显著降低。

2. 可替代性

铅的替代主要体现在几个方面：一是塑料替代电缆覆盖物和罐头中铅的使用；二是锡取代饮用水系统焊料中的铅；三是电子工业已转向无铅焊料和无铅平板显示器；四是未来三元、多元电池的突破，将会对铅的最重要应用领域铅酸蓄电池产生冲击。

3. 回收利用

铅的再生利用程度较高，近 10 年来再生铅产量占精铅总产量的比例逐年提高，到 2015 年再生铅占比已经超过 30%。85% 的再生铅原料来源于废旧铅酸蓄电池，而铅酸蓄电池生产所消耗的铅又有 50% 左右来源于再生铅，未来随着社会铅金属总累积量的增长和铅循环利用率的升高，或将对铅精矿的需求产生冲击。此外，中国目前以废旧铅酸蓄电池回收为主的铅废旧料回收途径建立得并不完善，相关工作有待进一步提升。

五、市场应对指标

1. 进口价格

近两年，中国铅及铅合金粉和片状粉末出口单价整体平稳，但在 2016 年 11 月出现异常波动点，价格从 1008.82 美元／吨暴涨至 19605.26 美元／吨，之后又快速回落（图 5-26-3）。

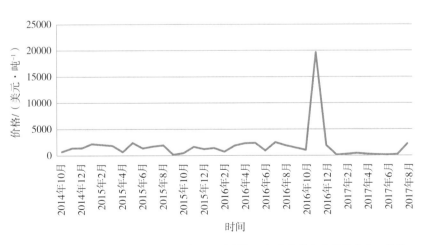

图 5-26-3　2014 年 10 月—2017 年 8 月中国铅及铅合金粉和片状粉末出口单价

数据来源：作者根据相关资料计算得出

2. 进口数量和产地

2016 年，中国铅矿砂及精砂进口量为 140.9 万吨，主要进口国为美国（26.2 万吨）、俄罗斯（22.2 万吨）、秘鲁（13.8 万吨）和朝鲜（10.8 万吨），分别占进口总量的 18.6%、15.7%、9.8% 和 7.7%（图 5-26-4）。

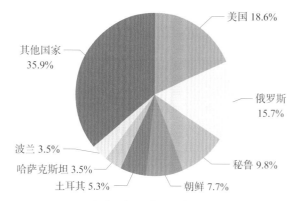

图 5-26-4　2016 年中国铅矿砂及其精矿进口来源国家及占比
数据来源：中国海关信息网

第二十七节　锂

一、概述

锂（Lithium），元素符号为 Li，原子序数为 3。锂在自然界中的丰度较大，居第 27 位，在地壳中的含量约为 0.0065%。在自然界中，主要以锂辉石、锂云母及磷铝石矿的形式存在。

锂为一种银白色的碱金属元素，质软，容易受到氧化而变暗，是所有金属元素中最轻的；密度为 0.534 克 / 厘米 ^{3}，熔点为 80.50℃，沸点为 342℃；与其他碱金属相比，锂的压缩性最小，硬度最大，熔点最高。

锂为 I_A 族金属元素，化学性质十分活泼，在一定条件下，能与除稀有气体外的大部分非金属反应，但不像其他碱金属那样容易，也是唯一与氮在室温下反应的碱金属元素。

二、用途

锂广泛应用于电池、陶瓷、玻璃、润滑剂、制冷液、核工业及光电等行业，而随着计算机、手机、移动电动工具、数码相机等电子产品的不断发展，电池行业已经成为锂最大的消费领域，随着电动汽车技术的不断成熟，锂电池也将广泛应用到汽车行业。此外，碳酸锂是陶瓷产业减能耗、环保的有效途径之一，对锂的需求量也将会增加。与此同时，锂在玻璃中的各种新作用也在不断被发现，玻璃行业对锂的需求仍将保持增长。因而，玻璃和陶瓷行业成为锂的第二大消费领域。

据 BP 公司数据，具体分析锂的应用现状，电池占 41%，润滑油占 11%，铝电解占 6%，空气处理占 5%，药物占 2%，连续浇铸占 2%，铝合金占 2%，其他占 31%（图 5-27-1）。

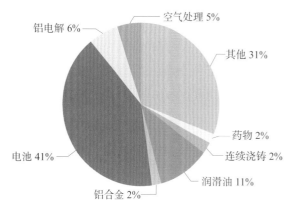

图 5-27-1　锂的应用现状
数据来源：BP公司

三、供应风险指标

1.世界总产量和中国产量

2016 年，世界锂矿总产量约为 35000 吨，较上年增长 7.7%（图 5-27-2）。从国别看，澳大利亚是最大的锂矿生产国，产量为 14300 吨，占世界锂矿总产量的 40.9%，比上年增长 1.4%。其次是智利、阿根廷、中国和津巴布韦，产量分别为 12000 吨、5700 吨、2000 吨和 900 吨，占世界锂矿总产量的 34.3%、16.3%、5.7% 和 2.6%。其中阿根廷产量增幅较大，同比增长 58.3%，因为有新的矿山开始投产（表 5-27-1）。

自然界中，锂主要以固体矿物资源（如花岗伟晶岩型）和液体矿床资源（如盐湖卤水锂矿床）形式存在。自 20 世纪 90 年代开始，液态锂资源（如盐湖卤水锂矿）是全球锂氧化物主要生产来源，因为其开采成本相比矿山固体矿更低。近年来，中国锂矿需求大幅增长，固体锂开采量开始回升，2016 年锂开采中固体矿物资源和液体矿床资源各占一半比例。

从单个矿山产量看，智利盐湖卤水锂和澳大利亚锂辉石矿山是世界主要锂矿生产来源。从分类产量看，阿根廷主要生产锂氧化物和锂氯化物。从生产区域看，盐湖卤水锂矿开采主要在阿根廷、玻利维亚、智利和美国，锂辉石矿山开采主要在澳大利亚、加拿大、中国和芬兰。2016 年，智利的萨拉尔·阿塔卡马宣布已经获得政府批准扩大产能。智利和阿根廷的主要锂生产商均宣布计划进一步扩大产能，以满足电动汽车生产的日益增长的需求。

2.储量

2016 年，世界锂矿总储量为 1400 万吨，主要集中在智利、中国、阿根廷和澳大利亚，其中，智利锂矿资源储量 750 万吨，中国储量 320 万吨，阿根廷储量 200 万吨，澳大利亚储量 160 万吨，分别占世界锂矿总储量的 51.8%、22.1%、13.8%、111%。其次为葡萄牙、美国、巴西和津巴布韦，4 国锂矿储量合计占世界锂矿总储量的

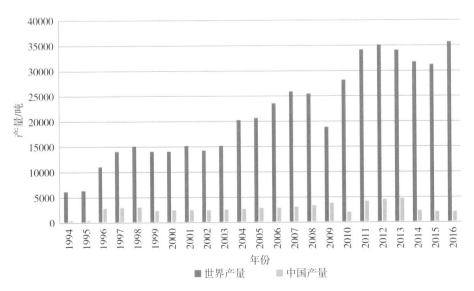

图 5-27-2　1994—2016 年世界和中国锂产量

数据来源：Mineral Commodity Summaries

表 5-27-1　2015—2016 年世界及主要产地锂矿产量

国　家	产量 / 吨（以氧化锂当量计）			
	2015 年	2016 年（预估）	比上年增长 /%	占世界比例 /%
澳大利亚	14100	14300	1.4	40.9
智　利	10500	12000	14.3	34.3
阿根廷	3600	5700	58.3	16.3
中　国	2000	2000	0.0	5.7
津巴布韦	900	900	0.0	2.6
葡萄牙	200	200	0.0	0.6
巴　西	200	200	0.0	0.6

资料来源：Mineral Commodity Summaries, 2017

表 5-27-2　2016 年世界锂矿储量分布

国　家	储量 / 吨（以氧化锂当量计）	占世界比例 /%
智　利	7500000	51.8
中　国	3200000	22.1
阿根廷	2000000	13.8
澳大利亚	1600000	11.1
葡萄牙	60000	0.4
美　国	38000	0.3
巴　西	48000	0.3
津巴布韦	23000	0.2

资料来源：Mineral Commodity Summaries, 2017

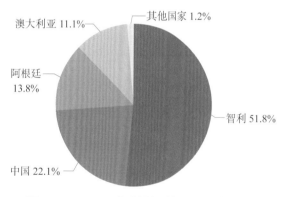

图 5-27-3　2016 年世界锂矿探明可采储量分布
资料来源：Mineral Commodity Summaries, 2017

1.2%（表 5-27-2；图 5-27-3）。

截至 2016 年年底，中国查明锂矿（锂氧化物）主要分布在四川、江西和湖南，这 3 个省份查明锂矿（锂氧化物）储量合计占全国总储量的 86.1%；查明锂矿（氯化锂）主要分布在青海和湖北，这两个省份查明锂矿（氯化锂）储量合计占全国总储量的 99.8%。

四、高技术指标

1. 环境影响

接触过量的锂会对人体产生不良影响。日常生活中，如果长期饮用含锂药物，有可能造成体内锂含量超标，从而产生诸如头晕、口齿不清、手颤抖等神经症状和问题，也有可能造成甲状腺功能衰退。锂主要通过肾脏排出，因而人体锂含量超标还可能造成肾中毒。

2.共伴生

自然界中主要的锂矿物为锂辉石、锂云母、透锂长石和磷铝石等。透锂长石主要产于花岗伟晶岩中,与锂辉石、铯榴石、彩色电气石等共生。在含锂伟晶岩的核心中,经常有白色钠长石带,含白色、无色或粉红的绿柱石及铌锰矿、钽锰矿等。

3.可替代性

锂化合物在电池、陶瓷、润滑脂和人造玻璃等应用中的替代品很多,例如,钙、镁、汞、锌可作为电池负极材料,钙铝皂可替代硬脂酸酯,由硼、玻璃或聚合物纤维组成的复合材料可作为结构材料中铝锂合金的替代品。

4.回收利用

从历史数据来看,锂的回收是极少的,但新能源汽车保有量的持续增长,既刺激了动力锂电池的需求,也为锂电池回收带来了行业机遇。发展锂电池回收和梯次利用,在避免资源浪费和环境污染的同时,也将产生可观的经济效益和投资机会。

新能源汽车网数据显示,2016年中国动力电池的报废量累计为2万~4万吨,预计到2018年累计报废动力电池量将达到17.25万吨。根据测算,2018年对应的从废旧动力锂电池中回收钴、镍、锰、锂、铁和铝等金属所创造的回收市场规模将达到53.23亿元。

五、市场应对指标

1.进口价格

从图5-27-4可以看出,2014年10月以来,中国锂的碳酸盐进口平均单价整体呈上升趋势,2017年8月价格达到11510.0美元/吨。

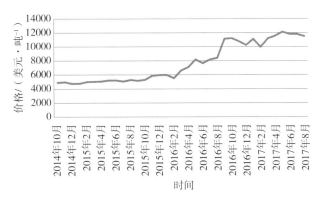

图5-27-4 2014年10月—2017年8月中国锂的
碳酸盐进口平均单价
数据来源:作者根据相关资料计算得出

2.进口数量和产地

2016年,中国锂的碳酸盐进口量为21793.5吨,比2015年增加97.2%;进口金额为18817.5万美元,比2015年增加228.2%。进口产地主要为智利(14386.9吨)和阿根廷(5057.4吨),分别占进口总量的66.1%和23.2%(图5-27-5)。

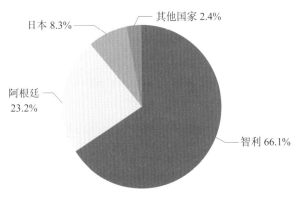

图5-27-5 中国锂的碳酸盐进口来源国家及其占比
数据来源:中国海关信息网

第二十八节　铷、铯

一、概述

铷（Rubidium），元素符号为 Rb，原子序数为 37。相对原子质量 85.4678，体心立方晶体，常见化学价为 +1。铷是典型的分散元素，至今还没有发现单纯的铷矿物。

铷的物理化学性质介于钾和铯之间，是碱族元素中第二个最活泼的金属元素，是自然界所有元素中第四个最轻的元素。金属铷质软、有延性，可用小刀切割。铷具有优异的导电性、导热性和最小的电离电位。铷有 20 种同位素，质量数在 79 ～ 95 之间。

铷是银白色稀有碱金属，具有碱金属的所有化学特性，化学反应活性和正电性仅次于铯。铷在空气中能自燃，与水甚至低于 –100℃ 的冰接触能发生剧烈反应，生成氢氧化铷并放出氢。因此，纯金属铷通常存储于煤油中。在自然界，铷通常以化合物的形态存在。

铯（Cesium），元素符号为 Cs，原子序数 55，相对原子质量 132.90543。纯净的金属铯呈金黄色。铯金属是一种软而轻、熔点很低的金属。

在碱金属中，铯是最活泼的，能和氧发生剧烈反应，生成多种氧化物的混合物。在潮湿空气中，氧化的热量足以使铯融化并点燃。铯是最软的金属，甚至比石蜡还软。铯具有活泼的个性，一旦与空气接触，马上变成灰蓝色，甚至不到 1 分钟就自动地燃烧起来，发出玫瑰般的紫红色或蓝色光辉。如果把它投到水里，会立即发生强烈的化学反应，着火燃烧，有时还会引起爆炸。即使把它放到冰上，也会燃烧起来。由于铯的熔点很低，很容易就能变成液体，除了水银之外，它就是熔点最低的金属了。自然界中铯盐存在于矿物中，也有少量氯化铯存在于光卤石中。

二、用途

由于铷和铯具有独特的性质，有很强的化学活性和优异的光电效应性能，使其在许多领域中有着重要的用途，特别是在一些高科技领域中，铷和铯显示出越来越重要的作用。铷和铯在电子器件、催化剂、特种玻璃、生物化学及医药等传统应用领域中，都有较大的发展；在磁流体发电、热离子转化发电、离子推进发动机、激光能转换电能装置、铯离子云通信等领域中，铷和铯也显现出强劲的生命力（表 5-28-1）。

三、供应风险指标

1. 世界总产量和中国产量

铷作为铯和锂的副产品，其产量较小，相关产量统计数据较少。中国有色金属工业协会数据显示，2009—2013 年铷产品（包括铷盐和铷金属）世界产量小于 10 吨。孙艳等（2013）统计，全球铷精矿产量主要集中在美国、加拿大和俄罗斯，分别占全球总产量的 48.1%、18.9% 和 15.9%；其次是津巴布韦、莫桑比克和纳米比亚。近几年，中国铷精矿产量均不足 4000 吨，仅占全球总产量的 3.3%。

全球铯生产商基本按照订单生产，几乎没有库存。全球铯最大年产量为 200 ～ 250 吨，大

表 5-28-1 铷和铯的性质及用途简表

特　性	用　途
易电离性	磁流体发电、燃料电池、离子火箭
光敏性（包括吸收红外光）	光电设备、夜视设备
碳酸盐（尤其是碳酸铷）可降低玻璃导电性，提高抗腐蚀性及稳定性	特种玻璃、特种陶瓷、光导纤维
原子外层电子的超精细跃迁频率	原子钟、频率标准、航天测控、卫生导航、计算通信
铷铯碳酸盐和硝酸盐催化作用	有机化工催化剂、烟气脱硫剂（促使 SO_2 转化成 SO_3）
甲酸盐的溶液的高密度、高稳定性及低腐蚀性能	高温高压环境钻井液，以甲酸铯为最佳
特殊生化作用	医药：铷盐和铯盐用作治疗癫痫的催眠剂和镇静剂
吸收作用	真空管的吸气剂和提纯特殊物质
放射性	医学检测：Cs^{137} 用作治疗癌症的放射源
量子效应	量子计算

资料来源：刘昊等（2015）

部分年度产量维持在 50 吨左右。

2. 储量

美国地质调查局数据显示，2016 年，世界铷资源储量约为 9 万吨，主要集中在纳米比亚和津巴布韦，分别为 5 万吨和 3 万吨，分别占全球总储量的 55.6% 和 33.3%（表 5-28-2）。还有部分铷资源集中在加拿大、阿富汗、秘鲁、赞比亚，另外，有部分资源存在于卤水中，如智利北部、中国、法国和美国等。截至 2016 年年底，中国查明铷矿（铷氧化物）主要分布在江西、湖南和广东，这 3 个省份查明铷矿（铷氧化物）储量合计占全国总储量的 55.9%。

铯具有独立矿物铯榴石、铯绿柱石和硼氟钾石，其中铯榴石是铯的重要工业资源。美国地质调查局数据显示，2016 年，世界铯资源储量约为 9 万吨，主要集中在纳米比亚和津巴布韦，分别为 3 万吨和 6 万吨，分别占全球总储量的 33.3% 和 66.7%（表 5-28-3）。还有部分资源

表 5-28-2 2016 年世界及主要产地铷资源储量分布

国　家	储量 / 吨（以氧化铷当量计）	占世界比例 /%
纳米比亚	50000	55.6
津巴布韦	30000	33.3
其他国家	10000	11.1
世界总计	90000	100.0

资料来源：Mineral Commodity Summaries, 2017

表 5-28-3 2016 年世界及主要产地铯资源储量分布

国　家	储量 / 吨（以氧化铯当量计）	占世界比例 /%
纳米比亚	30000	33.3
津巴布韦	60000	66.7
世界总计	90000	100.0

资料来源：Mineral Commodity Summaries, 2017

集中在美国的缅因州、加拿大的伯尔尼克湖、瑞典、莫桑比克及东哈萨克斯坦。截至 2016 年年底，中国查明铯矿（铯氧化物）主要在新疆，其查明资源储量合计占全国总储量的 82.8%。

四、高技术指标

1. 共伴生

铷在自然界中的分布相当广泛，但很少形成单独的矿物。铷常在锂云母、黑云母中少量存在。锂云母中铷含量可达 3.73%，是提取铷的主要矿源。很多矿泉水、盐湖卤水中也含有较多的铷，如俄罗斯东西伯利亚的盐湖卤水、死海、美国索尔顿湖水、哥伦比亚油田水、伍德油田水。光卤石也是铷的重要来源，其中铷含量虽然不高，但储量很大。

2. 可替代性

铷和铯的物理及化学性能极为相似，用途也是相似的，多数情况下是可以相互替代的。

第二十九节　铼

一、概述

铼（Rhenium），元素符号为 Re，在元素周期表中属 $Ⅶ_B$ 族，原子序数 75，属稀有金属。

铼为银白色金属或灰黑色粉末，密度 21.04 克/厘米^3，熔点 3180℃，沸点 5627℃，相对密度 20.53。金属铼非常硬、耐磨、耐腐蚀，外表与铂同。纯铼质软，有良好的机械性能。

铼的化学活泼性取决于它的聚集态，粉末状金属铼活泼。铼不溶于盐酸，溶于硝酸，也溶于含氨的过氧化氢溶液；在高温条件下，与硫的蒸气化合而形成硫化铼。不与氢、氮作用，但可吸收氢气。化合价有 +3、+4、+6 和 +7，能被氧化成很安定的七氧化二铼，这是铼的特殊性质。

二、用途

1. 在能源部门的用途

铼在高温下有杰出的抗蠕变能力，因此可以用于发电的工业燃气涡轮机上的单晶涡轮叶片合金中；铂铼催化剂可以用于无铅汽油的炼制；铼催化剂可以使精炼厂在高温和低压下炼制材料；发电系统中可以使用铼涂层进行热光生电。

2. 在非能源部门的用途

世界铼的 70% 左右用于涡轮叶片制造，可以提升现代喷气发动机的性能；铼的高熔点使其广泛应用于制造业，包括喷射发动机喷嘴、电触头、坩埚和 X 射线管。

据 BP 公司数据，具体分析铼的应用现状，超合金占 70%，石油重整催化剂占 20%，其他占 10%（图 5-29-1）。

三、供应风险指标

1. 世界总产量和中国产量

2016 年，世界铼资源产量为 47.15 吨，与 2015 年相比略有下降（表 5-29-1；图 5-29-2）。主要的铼资源生产国包括智利、美国和波兰，其产量分别为 26.0 吨、7.6 吨和 7.0 吨。

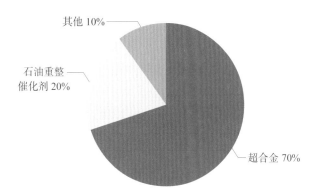

图 5-29-1 铼的应用现状

数据来源：BP公司

表 5-29-1 2015—2016 年世界及主要产地铼产量

国 家	产量 / 吨	
	2015 年	2016 年
美 国	7.90	7.60
智 利	26.00	26.00
中 国	2.40	2.40
波 兰	8.90	7.00
其他国家	4.15	4.15
世界总产量	49.35	47.15

数据来源：Mineral Commodity Summaries

2. 储量和储产比

世界铼矿资源储量约为 2500 吨，主要分布在智利、美国、俄罗斯等国家，储产比为 53。美国地质调查局（2017），预测美国铼矿资源储量约为 5000 吨，世界其他地区的铼矿资源储量约 6000 吨（图 5-29-3）。铼存在于亚美尼亚、哈萨克斯坦、波兰、俄罗斯和乌兹别克斯坦的沉积物中的铜矿中。截至 2016 年年底，中国查明铼矿资源储量约 200 吨，主要分布在黑龙江、陕西、河南等地。

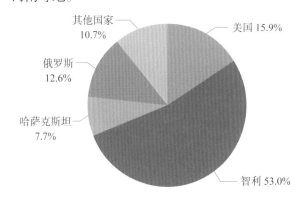

图 5-29-3 2016 年世界铼储量分布

数据来源：Mineral Commodity Summaries

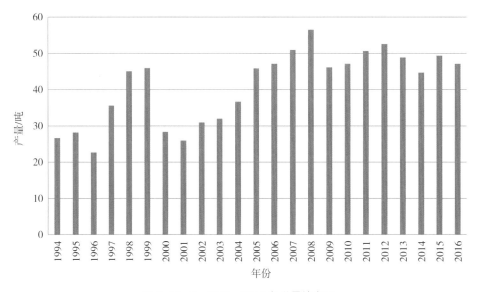

图 5-29-2 1994—2016 年世界铼产量

数据来源：Mineral Commodity Summaries

四、高技术指标

1. 环境影响

暂未发现铼对环境有不良的影响，但铼原料分散，一般是在钼、铜等冶炼过程中回收，可能会对环境造成影响。

2. 共伴生

迄今只发现辉铼矿（ReS_2）和铜铼硫化矿（$CuReS_4$）两种独立的铼矿物，铼多伴生于钼、铜、锌、铅等矿物中，其中大多数铼与斑岩铜矿床中的钼伴生，而具有经济价值的提铼原料为辉钼矿和铜精矿。

3. 可替代性

美国地质调查局认为，铂铼催化剂中的铼可以被替换为镓、锗、铟、硒、硅、钨或钒，使用以上金属和其他金属构成双金属催化剂可能会降低现有催化剂市场中铼的份额。在各种用途中可以代替铼的材料如下：用于高温热电偶的铜 X 射线靶上涂层的钴和钨，用于电接触的涂层的钨和铂 – 钌合金，以及用于电子发射体的钽。

4. 回收利用

全球铼的回收产业正处在快速发展之中，目前德国和美国是铼资源回收的主要国家，爱沙尼亚和俄罗斯也在回收铼资源。废弃的含铼催化剂和含铼合金是铼回收利用的主要来源。在未来几年，铼的回收利用有可能促进铼供应量的增加。

五、市场应对指标

中国海关数据显示，2015 年 1 月至 2017 年 10 月，中国国内铼（≥ 99.99%）价格呈下降趋势。2015 年 1 月，中国国内铼（≥ 99.99%）价格为 52500 元 / 千克；到 2017 年 10 月，价格下降到 41000 元 / 千克（图 5-29-4）。

2015 年 1 月至 2017 年 8 月，中国铍、铬、锗、钒、镓、铪、铟、铼、铌、铊及其制品进口单价呈现较大的波动。2015 年 1 月，中国铍、铬、锗、钒、镓、铪、铟、铼、铌、铊及其制品

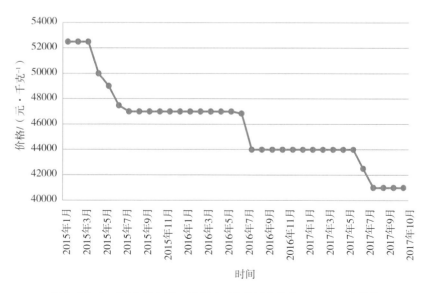

图 5-29-4　2015 年 1 月—2017 年 10 月国内铼（≥ 99.99%）价格

数据来源：作者根据相关资料计算得出

进口平均单价为 39067.0 美元 / 吨，之后价格呈上升趋势但波动很大，大部分月度价格保持在50000 ~ 150000 美元 / 吨之间（图 5-29-5）。

2016 年，中国铍、铬、锗、钒、镓、铪、铟、铼、铌、铊及其制品出口量为 2814.21 吨，比2015 年减少 51.28%。2016 年，中国铍、铬、锗、钒、镓、铪、铟、铼、铌、铊及其制品的出口国主要集中在日本、美国、韩国和印度，出口量分别为 896.5 吨、873.5 吨、227.4 吨和 203.0 吨（图5-29-6）。

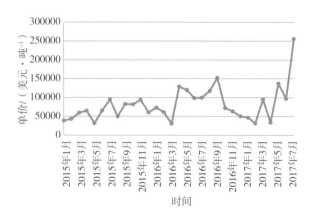

图 5-29-5　2015 年 1 月—2017 年 8 月中国进口铍、铬、锗、钒、镓、铪、铟、铼、铌、铊及其制品价格

数据来源：作者根据相关资料计算得出

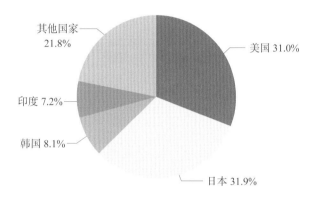

图 5-29-6　2016 年中国铍、铬、锗、钒、镓、铪、铟、铼、铌、铊及其制品主要出口国家及占比

数据来源：中国海关信息网

第三十节　锶

一、概述

锶（Strontium），元素符号为 Sr，原子数为38，属于元素周期表 II$_A$ 族，是一种有银白色光泽的碱土金属。锶在地壳中的含量约为 0.04%，丰度居第 15 位。由于锶极易与空气和水发生化学反应，所以不存在自然态的锶，都是以化合物的形式出现，它的主要矿物是天青石和菱锶矿。

锶属立方晶系，质软，容易传热导电。密度为 2.6 克 / 厘米^3，熔点为 769℃，沸点为1384℃。自然界存在 ^{84}Sr、^{86}Sr、^{87}Sr、^{88}Sr 4 种稳定同位素，质量数为 90 的锶是 ^{235}U 的裂变产物，半衰期为 28.1 年。

锶的化学性质活泼，加热到熔点（769℃）时即燃烧，呈红色火焰，生成氧化锶 SrO，在加压条件下与氧气化合生成过氧化锶；与卤素、硫、硒等容易化合；加热时与氮化合生成氮化锶，与氢化合生成氢化锶；与盐酸、稀硫酸剧烈反应放出氢气；常温下与水反应生成氢氧化锶和氢气。锶在空气中会转变为黄色。

二、用途

锶主要以添加剂的形式加以应用，是典型的功能性有色金属元素。在金属、非金属和涂料等功能材料中，添加适量的锶及其化合物可改善材料的性能或使其具有特殊的性能，因此锶系列产品比较广泛地应用于电子信息、化工、轻工、医药、陶瓷、冶金等多个行业，在彩电显像管、永磁材料、特种油脂、肥皂、润滑剂、油漆、牙膏、陶瓷及冶金等方面都有其特殊的用途。

碳酸锶用量最大、范围最广，主要用于生产电磁铁和铁氧体陶瓷磁铁，制造小型电机、磁选机和扬声器；可用于糖的精制、焰火、信号弹、造纸、医学及分析试剂等方面，还用于特种玻璃、电子材料、颜料等。

三、供应风险指标

1. 世界总产量和中国产量

2016 年，世界锶资源产量为 35 万吨（金属，

下同），比 2015 年减少 0.4 万吨。主要的锶资源生产国包括中国、西班牙、墨西哥，其产量分别为 18 万吨、9 万吨、7.7 万吨，上述 3 国产量合计约占世界总产量的 99%（表 5-30-1；图 5-30-1）。

表 5-30-1 2015—2016 年世界及主要产地锶产量

国 家	产量 / 万吨	
	2015 年	2016 年
中 国	18.0	18.0
墨西哥	7.9	7.7
西班牙	9.0	9.0
其他国家	0.5	0.3
世界总量	35.4	35.0

数据来源：Mineral Commodity Summaries

2. 储量

2016 年，世界锶资源储量为 680 万吨，与 2015 年持平。从国别看，世界锶矿资源集中在阿根廷、中国、墨西哥和西班牙 4 国，这 4 国储量占全球总储量的 99%。

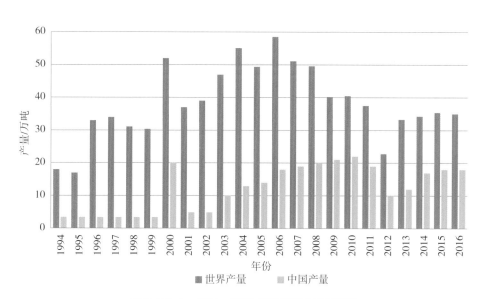

图 5-30-1 1994—2016 年世界和中国锶产量
数据来源：Mineral Commodity Summaries

中国的锶矿资源与其他国家相比是较为丰富的，中国的天青石矿床主要分布在青海和重庆等地。由于中国锶矿成因不同，导致其锶矿虽然储量较大，但质量远不如墨西哥、西班牙、土耳其、伊朗、巴基斯坦等国家的锶矿。

四、高技术指标

1. 共伴生

由于锶极易与空气和水发生化学反应，所以不存在自然态的锶，都是以化合物的形式出现，它的主要矿物是天青石和菱锶矿。可由电解熔融的氯化锶制得。

2. 可替代性

在铁氧体陶瓷磁体中的钡可以被锶替代，但是，与锶复合材料相比，钡复合材料会降低最高运行温度；在烟火领域想要替代锶难以实现，因为使用其他材料无法获得由锶及其化合物所提供的光亮和能见度；在钻井泥浆中，重晶石是首选材料，但天青石可以代替重晶石，尤其是当重晶石的价格很高的时候。

3. 回收利用

生产碳酸锶的主要原料是天青石，生产工艺主要有复分解转化法和碳还原法，其中碳还原法占主导地位。但是，碳还原法工艺会产生大量的含锶废渣，不仅污染环境，还会造成锶资源的浪费。因此，如何优化工艺使废渣中的锶回收率提高，以解决环境污染和资源浪费的问题，已成为研究的重点。

五、市场应对指标

1. 出口价格

自 2016 年初开始，中国锶的碳酸盐的出口平均单价整体上比较平稳，为 700 ~ 800 美元/吨（图 5-30-2）。

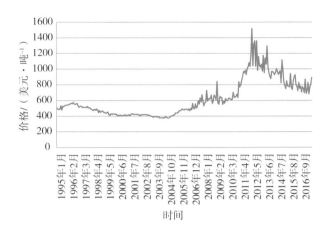

图 5-30-2 1995 年 1 月—2016 年 9 月中国锶的碳酸盐出口平均单价

数据来源：作者根据相关资料计算得出

2. 进口数量和产地

2016 年，中国进口锶或钡的氧化物、氢氧化物 1.5 万吨，进口金额为 1849.9 万美元；进口锶的碳酸盐 7247.3 吨，进口金额为 555.6 万美元。2016 年，锶或钡的氧化物、氢氧化物进口来源地主要为美国、日本和韩国，占比分别为 21.3%、19.3% 和 17.3%（图 5-30-3）。

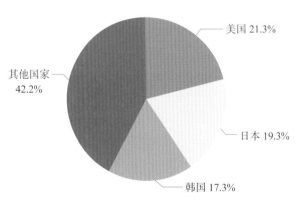

图 5-30-3 2016 年中国锶或钡的氧化物进口来源国家及其占比

数据来源：中国海关信息网

第三十一节　滑石、叶蜡石

一、概述

滑石与叶蜡石在外观、性质、结晶构造上相似，同时有大致相同的应用领域。

滑石（Talc）是一种常见的硅酸盐矿物，软且具有滑腻的手感。滑石是典型的热液型矿物，是富镁质超基性岩、白云岩、白云质灰岩经水热变质交代的产物。

滑石化学式为 $3MgO \cdot 4SiO_2 \cdot H_2O$，$Al_2O_3$、FeO/MgO，理论成分为 MgO 31.72%、SiO_2 63.12%、H_2O 4.76%。所含的硅有时被铝或钛替代（铝可达 2%，钛可达 0.1%），镁则经常被铁、锰、镍及铝替代。滑石含 FeO 可达 5%，含 Fe_2O_3 4.2%，NiO_2 1%，有的含有少量钾、钠、钙。纯净的滑石呈白色或微带淡黄、粉红、淡绿、淡褐色调；一般为致密块状、叶片状、纤维状或放射状集合体；玻璃光泽，半透明。硬度 1.0，比重 2.58 ～ 2.83，熔点 800℃。

叶蜡石（Pyrophyllite）又名寿山石，是一种含水的铝硅酸盐，化学式是 $Al_2[Si_4O_{10}](OH)_2$，其中 Al_2O_3 的理论含量为 28.3%，SiO_2 含量为 66.7%，H_2O 含量为 5.0%，硬度为 1.25，密度为 2.65 克/厘米^3，耐火 1710℃。晶体呈扁长板状且常呈现歪晶，多以叶片状、纤维状、放射状和片状块体产出；一般为白色、灰色、浅蓝色、浅黄色、浅绿色和绿棕色，条痕白色；透明到半透明，新鲜面上呈珍珠光泽。叶蜡石触摸时有油脂感。经加热后成片剥落，且不溶于大多数酸。

二、用途

据不完全统计，滑石共 60 多种用途，用于 30 多个工业部门。如用作耐火材料、造纸、橡胶的填料、农药吸收剂、皮革涂料、化妆品、食品行业及雕刻用料等。

叶蜡石与滑石具有相近的用途。叶蜡石主要用作耐火材料、陶瓷材料及雕刻原料；其次用于橡胶制品、化妆用品、农药等的填料和载体。叶蜡石的新用途是作涂料，也是制作壁板的良好原材料，还可用来制作白水泥。颜色花纹美观、呈蜡状或珍珠光泽的半透明的叶蜡石，是雕刻工艺的名贵原料。

三、供应风险指标

1. 世界总产量和中国产量

中国是世界上最大的滑石、叶蜡石生产国。2016 年，滑石、叶蜡石世界总产量为 840 万吨，

表 5-31-1　2015—2016 年世界及主要产地滑石、叶蜡石产量

国　家	产量/万吨	
	2015 年	2016 年
中　国	220.0	220.0
印　度	92.2	92.5
巴　西	84.5	85.0
墨西哥	75.0	75.0
其他国家	368.3	367.5
世界总产量	840.0	840.0

数据来源：Mineral Commodity Summaries

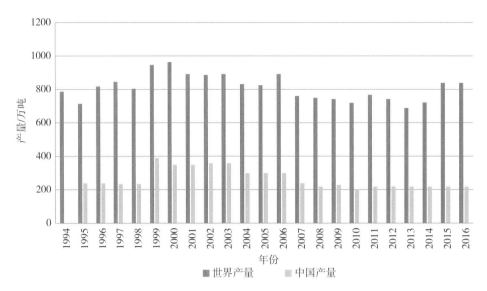

图 5-31-1 1994—2016 年世界和中国滑石、叶蜡石产量

数据来源：Mineral Commodity Summaries

与 2015 年持平；中国产量为 220 万吨，与 2015 年持平，占世界总产量的 26.19%。印度、巴西、墨西哥、巴基斯坦、阿富汗等国家也是滑石、叶蜡石的重要生产国（表 5-31-1；图 5-31-1）。

2. 储量

按目前滑石、叶蜡石的消费水平，世界及中国滑石、叶蜡石储量均十分充足（表 5-31-2）。

表 5-31-2 2016 年世界滑石、叶蜡石储量分布

国　　家	储量 / 万吨
美　　国	14000
巴　　西	5200
中　　国	很大
法　　国	很大
印　　度	11000
日　　本	10000
朝　　鲜	1100
墨西哥	很大
其他国家	很大
世界总储量	很大

数据来源：Mineral Commodity Summaries

截至目前，中国滑石储量较大的有辽宁、山东、广西、江西、青海 5 省（自治区），拥有全国滑石储量的 90% 以上。

中国叶蜡石矿床按成因可分为热液型和变质型两大类。矿床集中在西北地区和东南沿海一带，多为中小型矿床，主要产地在陕西省安康市和福建省宁德市。

四、高技术指标

1. 环境影响

主要是开采过程中对当地地形地貌、气候、水文地质、生态产生影响。滑石加工过程中易产生粉尘，应注意粉尘对工人身体的影响。

2. 共伴生

滑石自然存在的纯的矿床较多，且易于选矿，天然白度较高，质地更软；而叶蜡石正好相反，常与其他矿物共生，不利于使用。叶蜡石主要伴生矿物为石英、高岭石、水铝石、绢云母、黄铁矿等。

3. 可替代性

在陶瓷中可用膨润土、绿泥石、长石、高岭土等替代滑石、叶蜡石；颜料中可用绿泥石、高岭土、云母替代；造纸中可用碳酸钙和高岭土替代；塑料中用膨润土、高岭土、云母和硅灰石替代；橡胶中可用高岭土和云母替代。

五、市场应对指标

2016 年出口滑石 76 万吨，平均单价 243 美元/吨。2016 年 10 月至 2017 年 9 月，中国进口已破碎或已研粉的滑石共 3.8 万吨，均价 701 美元/吨（图 5-31-2）。

我国进口已破碎或已研粉的滑石来源国主要为美国、韩国、荷兰、奥地利，2016 年进口量分别为 0.84 万吨、0.68 万吨、0.66 万吨、0.56 万吨，分别占总进口量的 22.1%、18.0%、17.3%、14.7%（图 5-31-3）。

2016 年 10 月至 2017 年 9 月，中国进口未破碎及未研粉的滑石 1.4 万吨，均价 126 美元/吨。主要从朝鲜和巴基斯坦进口，进口量分别为 1.12 万吨和 0.25 万吨，分别占总进口量的 80.0% 和 17.9%。从印度、日本、伊朗、韩国、美国、秘鲁进口量共占 2.1%（图 5-31-4）。

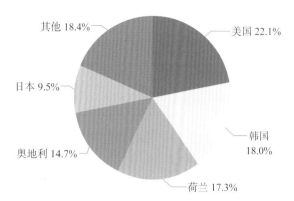

图 5-31-3　2016 年中国已破碎或已研粉的滑石主要进口来源国家及其占比

数据来源：作者根据相关资料计算得出

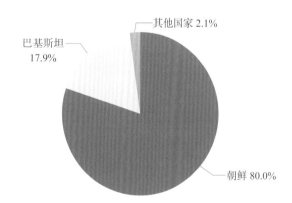

图 5-31-4　2016 年 10 月—2017 年 9 月中国进口未破碎或未研粉的滑石主要来源国家及其占比

数据来源：中国海关信息网

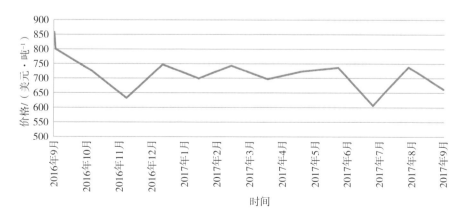

图 5-31-2　2016 年 9 月—2017 年 9 月中国进口已破碎或已研粉的滑石价格走势

数据来源：作者根据相关资料计算得出

第三十二节 钽

一、概述

钽（Tantalum），元素符号是 Ta，钢灰色金属。钽是稀有金属，在地壳中的含量为 0.0002%，在自然界中常与铌共存。在元素周期表中属 V_B 族，原子序数是 73，原子量是 180.9479，常见化合价为 +5。

纯钽略带蓝色色泽，硬度较低；其延展性极佳，可以拉制超细钽丝和钽箔；密度为 16.68 克 / 厘米³，熔点为 2980℃，是仅次于钨、铼的第三种难熔的金属；其热膨胀系数很小；韧性很强，比铜还要优异。

钽的抗腐蚀能力很强，表现为在非高温条件下，与酸或碱不发生反应，能抗熔融态金属钠、钾和镁腐蚀；但在高温下，钽表面的氧化膜被破坏，因此能与多种物质反应。

二、用途

钽冶炼产品包括氧化钽、碳化钽、电容器级钽粉、钽制品（钽丝、钽带、钽棒、钽箔、钽条）等。不同的产品有不同的用途。

电容器级钽粉制取主要是采用金属钠还原氟钽酸钾。钽电容器是综合性能最好的电容器，主要应用于高端仪器和高端设备及武器装备。

碳化钽主要用于合成硬质合金、高级耐火涂料和高级研磨料。例如，碳化钽超硬材料用作高速切割工具和钻头、挖掘机的牙齿、探矿机械钻头等，碳化钽耐火涂料用于喷气发动机涡轮机叶片、阀封及火箭喷嘴涂层。

高纯钽以钽粉为原料，经电子束区熔制取。钽金属具有独特的形状记忆复原性质和生物适应性，在医疗领域，用于制造血管支架、义肢、接骨钉和缝合生物组织等。

三、供应风险指标

1. 世界总产量和中国产量

2016 年，世界钽资源产量为 1100 吨（金属，下同），与上年持平。主要的钽资源生产国包括刚果（金）、卢旺达、巴西、中国，其产量分别为 450 吨、300 吨、115 吨、60 吨，上述 4 国产量合计约占世界总产量的 84.1%（表 5-32-1；图 5-32-1）。

表 5-32-1　2015—2016 年世界及主要产地钽产量

国　家	产量 / 吨	
	2015 年	2016 年
巴　西	115	115
中　国	60	60
刚果（金）	350	450
卢旺达	410	300
其他国家	165	175
世界总量	1100	1100

数据来源：Mineral Commodity Summaries

2. 储量

2016 年，世界钽资源储量超过 10 万吨。从国别看，世界钽矿资源集中在澳大利亚和巴西。其中，澳大利亚的资源量为 6.9 万吨，巴西为 3.6

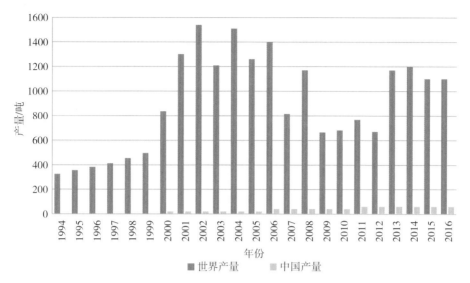

图 5-32-1　1994—2016 年世界和中国钽产量

数据来源：Mineral Commodity Summaries

万吨。美国、刚果（金）和卢旺达均有钽资源分布，但是具体数量并不确定（表 5-32-2）。美国地质调查局（2017）认为，钽作为稀有金属，在地球上的资源量相对其他金属较少，全球已探明钽资源主要分布在澳大利亚和巴西，两国的资源储量即可满足预期需求。

表 5-32-2　2016 年世界钽资源储量分布

国　家	储量 / 吨
美　国	—
澳大利亚	69000
巴　西	36000
中　国	—
刚果（金）	—
卢旺达	—
其他国家	—
世界总量	>100000

数据来源：Mineral Commodity Summaries

四、高技术指标

1. 环境影响

钽、铌矿物常与铀、钍等放射性元素伴生，采选后提供冶炼的精矿中铀、钍等放射性元素的含量一般为 1% ~ 3%。在经酸分解后的残渣中，铀、钍元素进一步富集，其含量有的高达 1% 以上。所以，在钽、铌冶炼的前期处理过程中，存在放射性物质的危害与防护问题。钽、铌萃取残液中氢氟酸及硫酸浓度较高，如果直接排放将会严重污染环境。

2. 共伴生

钽和铌的物理化学性质相似，因此共生于自然界的矿物中。划分钽矿或铌矿主要是根据矿物中钽和铌的含量，铌含量高时称为铌矿，钽、含量高时则称为钽矿。钽、铌矿物的赋存形式和化学成分复杂，其中除钽、铌外，往往还含有稀土金属、钛、锆、钨、铀、钍和锡等。

3. 可替代性

以下材料可以替代钽，但通常缺乏时效性：铌的碳化物；在电子电容器中的铝和陶瓷；在防腐应用中的玻璃、铌、铂、钛、锆、铪；在高温应用中的铱、钼、铌、钨和铼。

4. 回收利用

钽资源少，价格昂贵，二次资源利用具有重要意义。铌钽二次资源包括两部分：一部分是钽铌冶炼和加工过程中产生的废料，另一部分是钽铌制品在使用过程中报废的元器件。目前，从二次资源回收的钽占钽原料量的 15%～20%。

今后，要将钽资源回收利用作为一项重要工作。

五、市场应对指标

目前，中国钽冶炼行业对进口钽矿物原料的依赖度达 90% 以上。中国海关代码没有单列钽矿产品，进口钽主要含于钽铌富集物、钽铌钒矿砂及锡矿砂中，进口来源于 30 多个国家和地区。不同来源的铌钽钒矿砂和锡矿砂中钽含量不同，其中，来源于马来西亚的锡矿砂中钽含量很低，来源于刚果（金）的钽矿石中钽含量比较高，所以进口实物量不能代表钽进口量。

第三十三节　碲

一、概述

碲（Tellurium），元素符号为 Te，在元素周期表中属 VI_A 族，原子序数 52，方晶系银白色结晶。

碲有两种同素异形体，一种是晶体碲，具有金属光泽，银白色，性脆，与锑相似；另一种是无定形粉末状，呈暗灰色。碲密度 6.25 克/厘米^3，熔点 452℃，沸点 1390℃。碲具有良好的传热和导电性能，在所有的非金属同伴中，它的金属性是最强的。

碲在空气中燃烧带有蓝色火焰，生成二氧化碲；可与卤素反应，但不与硫、硒反应。溶于硫酸、硝酸、氢氧化钾和氰化钾溶液；与熔融 KCN 反应产生 K_2Te；用强氧化剂（HClO、H_2O_2）作用于碲或 TeO_2（稳定白色晶态），生成 H_6TeO_6，它在 160℃时转变为粉末状 H_2TeO_4，进一步加热则转变为 TeO_3。H_6TeO_6 易溶于水成为碲酸，是一种弱酸。碲的化学性质很像硫和硒，有一定的毒性。在空气中将其加热熔化，会生成氧化碲的白烟。

二、用途

1. 在能源部门的用途

碲化镉（CdTe）可以用于生产高效薄膜光伏电池，美国第一太阳能公司使用碲化镉作为其主要的光伏技术，2012 年占据了全球市场份额的 5%。铅中加入碲能增加铅的硬度，用来制作电池极板和印刷铅字。碲还可用作石油裂解催化剂的添加剂及制取乙二醇的催化剂。

2. 在非能源部门的用途

主要用作金属的添加剂，尤其是用在钢铁和铜碲中以提高切削性。碲还可用作化学制品和催化剂、硫化剂和橡胶合成过程中的加速剂，以及在合成纤维生产过程中当催化剂使用，还在润滑剂中当作添加剂。其他用途包括碲在雷管中的使用，在制作蓝色和棕色的陶和玻璃制品中用作染料；在新兴技术中，包括蓝光光盘、热影像的热电冷却器、使用珀尔贴固态冷却效应的太阳能电池，都对高纯度碲合金提出了新的需求。

据 BP 公司数据，具体分析碲的应用现状，冶金占 42%，太阳光电占 26%，化学制品和催化剂占 21%，电子工业和其他占 11%（图 5-33-1）。

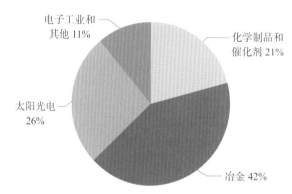

图 5-33-1 碲的应用现状
数据来源：BP公司

三、供应风险指标

1. 世界总产量和中国产量

2016 年，世界碲主要生产国包括俄罗斯、瑞典和日本，其产量分别为 35 吨、33 吨和 30 吨（表 5-33-1）。

2. 储量

美国地质调查局（2017）数据显示，2016 年，世界碲资源探明可采储量为 25000 吨。从国别看，世界碲资源集中在秘鲁和美国。其中，秘鲁的资源量为 3600 吨，美国为 3500 吨，两国合计碲资源量占世界碲资源总量的 28.9%（图 5-33-2）。

中国伴生碲矿资源较为丰富，全国已发现伴生碲主要集中在广东、江西、甘肃等省份。

表 5-33-1 2015—2016 年世界及主要产地碲产量

国 家	产量 / 吨	
	2015 年	2016 年
加拿大	9	10
日 本	37	30
俄罗斯	35	35
瑞 典	33	33
其他国家	资料不详	资料不详
世界总产量	资料不详	资料不详

数据来源：Mineral Commodity Summaries

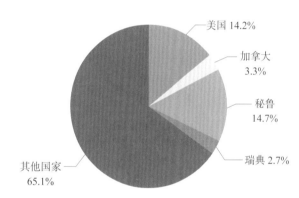

图 5-33-2 2016 年世界碲资源储量分布
数据来源：Mineral Commodity Summaries

四、高技术指标

1. 环境影响

几乎所有碲的化合物都有毒，具有工业价值的碲的化合物有氧化物、硫化物、碲酸和亚碲酸及卤化物等。

2. 共伴生

世界上所有国家获得的绝大多数纯碲，都是从冶炼有色金属铜、铅、锌等过程中将碲作为伴生组分综合回收来的。按照矿种划分，碲主要存在于斑岩铜矿及铜钼矿床和铜镍硫化物矿床、铜黄铁矿矿床、层状砂岩铜矿床、贵金属矿床等。中国的碲矿也主要伴生于铜、铅锌等金属矿产中，其产量取决于主矿产的开发利用情况。

3. 可替代性

美国地质调查局认为，在大多数用途上，许多材料可以替代碲，但通常会在效率或产品特性上有损失。铋、钙、铅、磷、硒和硫可用于代替多种自由加工钢中的碲；由碲催化的几种化学反应过程可以用其他催化剂或非催化方法进行；在橡胶生产中，硫和硒可以作为硫化剂代替碲；在导电固体润滑剂方面，铌和钽的硒化物和硫化物可以代替这些金属的碲化物。

4. 回收利用

目前，90% 的碲资源是从电解精炼铜和铅的阳极泥中或处理金、银矿时产生的碲渣中回收，回收的规模也主要取决于原生主矿产的开发利用情况。

五、市场应对指标

1994—2016 年，中国硼、碲的进口平均价格呈现先上升、后下降的趋势，在 2011 年达到峰值 30.3 万美元 / 吨。2016 年，中国硼、碲进口平均单价为 5.8 万美元 / 吨（图 5-33-3）。

2016 年，中国硼、碲进口量为 893.7 吨，比 2015 年增加 509.0%；进口金额增加 4414.0 万美元。2016 年，中国主要的硼、碲进口国为韩国、德国、比利时、美国，进口量分别为 350.3 吨、220.0 吨、122.0 吨、106.3 吨，占比分别为 39.2%、24.6%、13.7% 和 11.9%，4 国进口量合计占总进口量的 89.4%（图 5-33-4）。

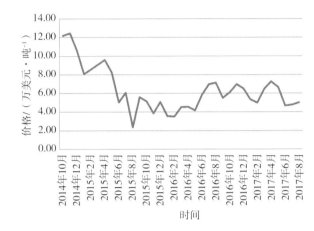

图 5-33-3　2014 年 10 月—2017 年 8 月中国进口硼、碲价格

数据来源：作者根据相关资料计算得出

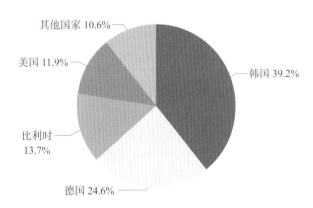

图 5-33-4　2016 年中国硼、碲主要进口来源国家及其占比

数据来源：中国海关信息网

第三十四节　稀土

一、概述

稀土（Rare earth）简称 RE，是化学元素周期表第三副族中原子序数为 57～71 的 15 种镧系元素氧化物，以及与镧系元素化学性质相似的钪（Sc）和钇（Y）共 17 种元素的氧化物。稀土元素并不稀少，也不像"土"，而是典型的金属元素。

稀土金属除镨和钕为淡黄色外，其余均有银白色和银灰色金属光泽，是典型的金属元素。稀土金属硬度随原子序数的增加而增加，其中镱和钐的可塑性最佳。稀土金属还有良好的延展性，其中铈可以拉成金属丝或压成箔。稀土金属的导电性能较差，镧在热力学温度 47 开尔文时出现超导电性。稀土金属具有很大的顺磁化率、磁饱和强度、磁各向异性、磁致伸缩、磁光旋转。钆之前的金属和镝在低温时出现铁磁性。

稀土金属化学活性很强，仅次于碱金属和碱土金属，一次稀土金属要保存在真空或惰性气体中，一旦与潮湿空气接触，易被氧化而变色。在 17 个稀土元素当中，按金属的活泼次序排列，由钪、钇、镧递增，由镧到镥递减，即镧元素最活泼。稀土元素能形成化学稳定的氧化物、卤化物、硫化物。稀土元素可以与氮、氢、碳、磷发生反应，易溶于盐酸、硫酸和硝酸中。

二、用途

在 17 种稀土元素中，有 10 种能直接运用在能源部门。稀土的用途主要集中在 5 个领域：

一是在电池储存中的镧；二是在永磁体中的钕、镨、镝和铽，这种永磁体主要用于电机和发电机中；三是当作原油裂解催化剂的镧和铈；四是在自动催化剂中的镧、铈、钕、镨；五是作为照明装置中的荧光粉的钇、铈、铽和铕。

（1）钪（$_{21}$Sc）。钪在自然界中和铌一样丰富，然而美国地质调查局估计，全球总消费量大约只有 10 吨。在许多矿石中，钪的浓度低，并且能获得的产量信息非常少。这种元素用于专业灯具及铝合金的生产，人们预计未来在燃料电池生产方面将会对其产生需求。

（2）钇（$_{39}$Y）。钇属于重稀土元素（HREEs），并且在地壳中含量比钴丰富，但比铜少。主要的应用是在荧光粉中作为主材料。这种荧光粉主要是在荧光灯、监视器、电视和液晶显示屏中使用。氧化钇稳定的氧化锆适用于汽车的电子传感器、结构陶瓷、涡轮机和飞机引擎的热障涂层中，潜在的应用前景是应用于为电力传输线和风力涡轮机使用的高温超导体中。

（3）铈（$_{58}$Ce）。铈在稀土元素中是最丰富的，并且在地壳中含量比铜还丰富。铈和其他所有稀土元素一样并不以自然状态出现，虽然它在含稀土的铁矿石中的浓度低，但其每年全球的产量约为 40000 吨。铈有无数的应用，其中最重要的是在石油裂解（流化床催化裂解）和自动催化剂中作为催化剂。在照明工业中，铈在灯具和闪烁计数器中作为荧光剂使用。铈的用途还包括一些消耗性的和低浓度的使用。理论上，铈是可以被回收的，并且已在一些应用中成功回收。精确的数据还无法获得，但回收份额应该很低，因为截至目前，回收利用显示了很少的效益甚至不具有经济优势。

（4）镨（$_{59}Pr$）。镨在能源相关领域的主要用途是永磁体的生产。在钕铁硼磁铁中，镨可以代替一部分钕。替代后的属性不会变化，但由于镨通常比钕要便宜，所以总的生产成本会降低。

（5）钕（$_{60}Nd$）。目前，钕在能源部门的主要用途是作为强大的钕铁硼永磁铁的必备成分。此类型磁铁合金的磁场强度考虑到了大量的性能，这些性能包含了从很小的磁铁到更大范围的应用。这些应用包括电动车的电机、许多生活用品（如智能手机）中的扬声器磁铁，以及直驱风力涡轮发电机。虽然直驱风力涡轮发电机的市场在扩大，尤其是海上应用设备，但是2010年大约200千瓦的已安装的全球风能中的90%左右都基于经典的齿轮箱和发电机系统，这些系统都没有配备基于稀土的永磁铁。钕铁硼磁铁的短处是它的易腐蚀性、脆性和差耐热性。如果钕铁硼磁铁的温度太高，它将失去其剩磁（即磁性）。在体系层次上，钕在磁铁中的替代物是钐钴磁铁。然而，它们并没有相同的性能。镨替代一部分钕是可行的。钕是第三大丰富的稀土元素，因此，钕不太会出现短缺的状况。磁铁的回收是有可能的，但是难点在于将钕从它嵌入的产品中收集和移除时的物流链。

（6）钐（$_{62}Sm$）。钐和钴结合可以生成永磁铁，虽然它的性能比钕铁硼磁铁要低，但是它有更好的抗腐蚀性和耐热性。另外，钐还作为辐射屏蔽材料用在核反应堆中。

（7）铕（$_{63}Eu$）。铕的主要用途是作为一种节能荧光剂用在电视、荧光灯和LED产品中。现在还没找到有效的替代物。铕还在核工业中用作辐射屏蔽材料。

（8）钆（$_{64}Gd$）。钆主要作为荧光灯中荧光剂的主材料。在核工业中，钆作为保障安全的材料添加在燃料棒中。

（9）铽（$_{65}Tb$）。铽的主要用途是作为绿色荧光粉用在灯具、监控器、电视屏幕和LED产品中。它作为高效率的荧光剂，可节省能源。它还能用于X射线增感屏中。虽然铽的低丰度和低可用性排除了其在永磁铁中大规模替代镝的可能，但铽还能部分地替代镝。

（10）镝（$_{66}Dy$）。镝属于重稀土元素系，并且是最丰富的稀土元素之一。在能源部门最重要的用途是在钕铁硼磁铁中用作添加剂。这种添加剂能增强钕铁硼磁铁的耐热性，以至于此磁铁可以用于汽车电力牵引电机中。如果电动车的产量增长，那就会产生供给短缺的风险。镝还用作荧光剂及核工业中的辐射屏蔽材料。

在能源部门，稀土的第一大用途是需要镧的镍氢电池（NiMH）的生产。自从20世纪90年代，电池已占据电力和混合动力汽车革命的核心地位，但目前镍氢电池已被锂离子电池取代。含镧电池凭借多种用途，现在仍在大量生产。当前全世界步入低碳经济时代，稀土在发电机和电机方面有很重要的新用途。为了提高电力汽车和混合动力汽车的电机性能，人们使用了基于稀土的永久钕铁硼磁铁（NdFeB）。一般引用数据显示，每辆丰田普锐斯需要1千克的永磁铁，并且大约包含30%的钕，含大约5%镝的添加剂，是目前提高耐热性的无可或缺的元素。

有一项大型研究工作正在进行，此研究致力于降低汽车业对于基于稀土的永磁铁的依赖，尤其是寻找关键元素镝和铽的替代物，铽是现在唯一适合镝的替代物。在一些直接驱动（如无传动装置的）的风力涡轮机中，NdFeB磁铁是非常必要的。此类型的风力涡轮机的全球市场份额约为 10%，目前绝大多数由中国公司制造。这种技术使用更少的 NdFeB 磁铁，对于海上应用设备的维护显得更加方便。目前在使用基于稀土的永磁铁的风力涡轮机中，每兆瓦特的发电量大约需要 200 千克的钕。

自动催化剂和用于石油精炼的裂化催化剂需要某几种稀土。在钢铁的生产中，加入少量的稀土（通常不到 1%），用来提高稳定性，这在轻量钢铁的生产中非常有帮助，反过来还会减少能量消耗。一些稀土元素还作为高效灯泡和显示仪表中荧光粉的必备材料。精选的稀土元素应用在核反应堆的许多区域中，主要是操纵杆和保护涂层中。

在非能源部门，稀土在生活的所有领域都有极其广泛的用途。磁应用在工业（泵、压缩机）、公共和家庭生活（空调、电动牙刷、风扇）、医药领域（核磁共振扫描仪、造影剂）、建筑（电梯、自动扶梯）、汽车业（点火线圈、座椅高度调整）、生活产品（手机的扬声器、电动自行车）及军用设备中。另外，稀土可以用于信号放大器和许多其他设备的生产，包括激光制造非磁铁用途的设备，有色玻璃和添加防紫外线保护的设备。钐、钕的磁性导致了极强永磁铁的发展，微型应用的制造商迅速利用了这一点，将其应用于例如扬声器和硬盘驱动线圈电机的设备上。

三、供应风险指标

1. 世界总产量和中国产量

2016 年，世界稀土资源产量为 12.6 万吨，与 2015 年相比有小幅下降。中国是最大的稀土资源生产国，2015 年和 2016 年产量均为 10.5 万吨；其次是澳大利亚，2016 年产量为 1.4 万吨；其他几个生产国及其产量分别为俄罗斯 3000 吨、印度 1700 吨、巴西 1100 吨、泰国 800 吨、越南

300 吨、马来西亚 300 吨（表 5-34-1；图 5-34-1）。

表 5-34-1 2015—2016 年世界及主要产地稀土产量

国　家	产量 / 吨	
	2015 年	2016 年
美　国	5900	—
澳大利亚	12000	14000
巴　西	880	1100
中　国	105000	105000
印　度	1700	1700
马来西亚	500	300
俄罗斯	2800	3000
泰　国	760	800
越　南	250	300
世界总量	129700	126200

数据来源：Mineral Commodity Summaries

2. 储量和储产比

美国地质调查局数据显示，2016 年，世界稀土资源储量为 1.2 亿吨，目前，储产比为 952。从国别看，世界稀土资源集中在中国，资源量为 4400 万吨。此外，巴西和越南储量持平，均为 2200 万吨，俄罗斯为 1800 万吨，印度为 690 万吨，澳大利亚为 340 万吨，丹麦格陵兰为 150 万吨（图 5-34-2）。

中国稀土矿床在地域分布上具有面广而又相对集中的特点。截至当前，已在全国三分之二以上的省（自治区）发现上千处矿床、矿点和矿化产地，但是全国稀土资源总量的 98% 分布在内蒙古、江西、广东、四川、山东等省（自治区），并具有北轻南重的分布特点。

四、高技术指标

1. 环境影响

适量的稀土元素对植物生长具有广泛的促

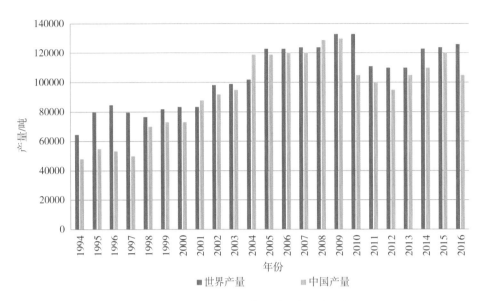

图 5-34-1　1994—2016 年世界和中国稀土产量
数据来源：Mineral Commodity Summaries

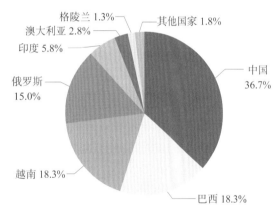

图 5-34-2　2016 年世界稀土储量分布
数据来源：Mineral Commodity Summaries

进作用，对动物机体功能有调节作用，对人体有抑制肿瘤的作用。在农业领域的应用，稀土起到提高产量、改善品质和提高农作物抗病能力等多重效应。

2. 共伴生

内蒙古白云鄂博矿山的稀土矿床是铁白云石的碳酸岩型矿床，在主要成分铁矿中伴生稀土矿物（除氟碳铈矿、独居石外，还有数种含铌、稀土矿物）。采出的矿石中含铁 30% 左右，稀土氧化物约 5%。

3. 可替代性

稀土的替代品可以用于很多用途，但效果往往不是很好。

4. 回收利用

稀土光学玻璃废料中含有 30% ~ 60% 的稀土和一些有价金属元素，对稀土光学玻璃的回收再利用不仅有利于稀土资源的循环利用，而且能够减少重金属对环境的污染。为了实现稀土行业的可持续发展，一些稀土固体废料（如废旧镍氢电池、废抛光粉、废磁性材料、废荧光粉等）已被作为提取稀土资源的原料。

五、市场应对指标

2016 年，中国稀土出口量为 4.7 万吨，同比增加 38.2%；出口金额为 3.4 亿美元，同比减少 8.1%。稀土及其制品出口量为 8.1 万吨，同比增加 24.6%；出口金额 18.2 亿美元，同比减少 4.7%。

第三十五节　萤石

一、概述

萤石（Fluorspar）又称氟石，主要成分为氟化钙，是工业上氟元素的主要来源，非金属矿物。萤石主要产于热液矿脉中，无色透明的萤石晶体产于花岗伟晶岩或萤石脉的晶洞中。

萤石为晶体属等轴晶系的卤化物矿物，常呈立方体、八面体或立方体的穿插双晶，集合体呈粒状或块状；浅绿、浅紫或无色透明，有时为玫瑰红色，条痕白色，玻璃光泽，透明至不透明；熔点 1270 ～ 1350℃，密度 3.18 克 / 厘米 ^{3}，折射率 1.434，莫氏硬度 4，低于钢，易划伤，质脆，甘、涩，无毒。

萤石一般不溶于水，与盐酸、硝酸作用微弱，在热的浓硫酸中可完全溶解而生成氟化氢气体和硫酸钙。

二、用途

萤石的用途十分广泛，随着科学技术的进步，其应用前景越来越广阔。目前，主要用作冶金行业生产炼铝熔剂冰晶石的原料，化工行业制氢氟酸、各种氟盐及制冷剂氟利昂的原料，建材行业作装饰材料。其次，萤石用于轻工、光学、雕刻和国防工业。其中，最重要的用途是生产氢氟酸，世界萤石产量的一半用以制造氢氟酸。氢氟酸是生产各种有机和无机氟化物及氟元素的关键原料。根据用途要求，目前中国萤石矿产品主要有四大系列品种，即萤石块矿、萤（氟）石精矿、萤石粉矿和光学、雕刻萤石。

科学家正在研制氟化物玻璃，有可能制成新型光导纤维通信材料。

三、供应风险指标

1. 世界总产量和中国产量

美国地质调查局（2017）数据显示，2016年，全球萤石产量为 640 万吨，中国（420 万吨）和墨西哥（100 万吨）为两大主产国，两国萤石产量约占全球总产量的 81.25%。与 2015 年相比，中国和墨西哥的萤石产量分别下降 4.55% 和2.91%。其他萤石主产国有蒙古（23 万吨）、南非（18 万吨）、越南（17 万吨）、哈萨克斯坦（11万吨）（表 5-35-1；图 5-35-1）。

表 5-35-1　2015—2016 年世界及主要产地萤石产量

国　家	产量 / 万吨	
	2015 年	2016 年（估算值）
中　国	440	420
墨西哥	103	100
蒙　古	23.1	23
南　非	13.5	18
越　南	16.8	17
其他国家	70.6	62
世界总产量	667	640

数据来源：Mineral Commodity Summaries

2. 储量和储产比

2016 年，世界萤石资源探明可采储量为 2.6亿吨，储产比为 41，相较于 2015 年世界萤石资源探明可采储量增加 0.1 亿吨。从国别看，世界

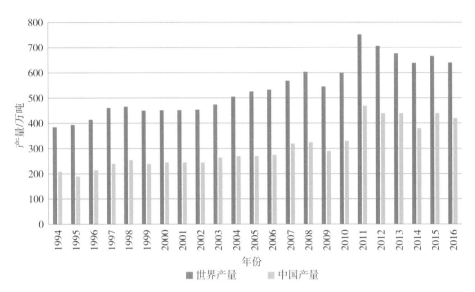

图 5-35-1　1994—2016 年世界和中国萤石产量

数据来源：Mineral Commodity Summaries

萤石资源主要集中在南非、中国、墨西哥、蒙古4 个国家。其中，南非资源量为 0.41 亿吨，中国为 0.40 亿吨，墨西哥为 0.32 亿吨，蒙古为 0.22 亿吨，4 国合计萤石资源量占世界总量的 51.9%（表 5-35-2；图 5-35-2）。

　　中国萤石矿共计 763 处，分布在 27 个省（自治区），其中，湖南、浙江、内蒙古、福建、江西 5 个省（自治区）的萤石资源储量合计约占全国总储量的 70%，以湖南省萤石资源最多，内蒙古自治区和浙江省次之。

表 5-35-2　2016 年世界萤石资源储量分布

国　　家	储量/万吨
中　国	4000
墨西哥	3200
蒙　古	2200
南　非	4100
其他国家	12500
世界总储量	26000

数据来源：Mineral Commodity Summaries

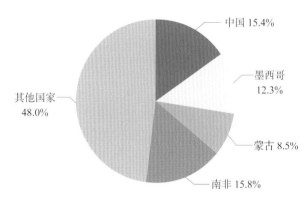

图 5-35-2　2016 年世界萤石资源储量分布

数据来源：Mineral Commodity Summaries

四、高技术指标

1. 环境影响

萤石矿开采对环境的影响主要表现在采空区形成后引起的地表变形及塌陷、地下水疏干、土壤侵蚀强度增加等方面。

2. 共伴生

萤石常与石英、方解石、重晶石、高岭石、

金属硫化物矿共伴生。在"伴生"型萤石矿床中，矿石主要矿物为铅锌硫化物、钨锡多金属硫化物和稀土磁铁矿，萤石作为脉石矿物分布于硫化矿物或磁铁矿之中，随主矿开采而被综合回收利用。

3. 可替代性

氟硅酸可用于生产氟化铝，但由于物理性质的不同，氟硅酸还无法取代萤石生产氟化铝；氟硅酸已用于生产氢氟酸，但还未被广泛采用；硼砂、氯化钙、铁氧化物、锰铁矿、石英砂和二氧化钛已被用来作为萤石的替代品。

五、市场应对指标

1. 出口价格

中国萤石（氟石）出口平均单价总体上处于稳定水平，价格一直维持在 250 美元 / 吨左右（图 5-35-3）。

2. 出口数量和产地

2016 年，中国萤石出口量为 37 万吨，比 2015 年增加 9.9%；出口金额为 8826.2 万美元，比 2015 年下降 1.2%。出口萤石主要国家为蒙古、越南和缅甸，分别占出口总量的 60.7%、25.6% 和 7.7%（图 5-35-4）。

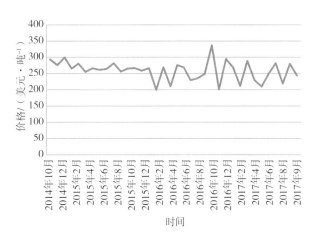

图 5-35-3　2014 年 10 月—2017 年 9 月中国萤石（氟石）出口平均单价

数据来源：作者根据相关资料计算得出

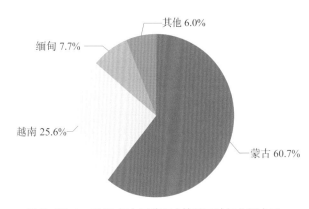

图 5-35-4　2016 年中国萤石（按重量计氟化钙含量 >97%）出口来源国家及其占比

数据来源：中国海关信息网

第三十六节　钾盐

一、概述

钾盐（Potash）是指含钾的矿物，分为可溶性钾盐矿物和不可溶性含钾的铝硅酸盐矿物。

钾盐成分为 KCl，常含溴、铷和铯。化学组成为含 K 52.5%，含 Cl 47.5%。常含微量 Rb、Cs 的类质同象混入物和包裹体等；等轴晶系，晶体呈立方体，常为致密块状集合体；无色透明或乳白色，玻璃光泽；硬度 1.5 ～ 2，比重 1.97 ～ 1.99；解理完全，易溶于水，味咸而苦涩。钾离子呈 +1 价。

二、用途

钾盐矿主要用于制造工业用钾化合物和钾肥，占 95%（图 5-36-1）。大多数钾盐用于农业，钾肥是农业三大肥料之一，对绝大多数作物有明显的增产效果。钾肥主要成分为氯化钾和硫酸钾，属酸性肥料。氯化钾用量大，适于水稻、麦类、玉米、棉花等作物，硫酸钾适于麻类、烟叶、甘蔗、葡萄、甜菜、茶叶等经济作物。

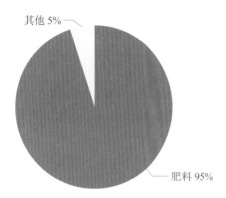

其他 5%

肥料 95%

图 5-36-1　钾盐的应用现状

数据来源：BP公司

在化学工业中有 30 多种产品由钾组成，主要有氯化钾、氢氧化钾、硫酸钾、碳酸钾、氰化钾、高锰酸钾、溴化钾、碘化钾等。按工业用途，35% 用于生产洁净剂，25% 以碳酸盐和硝酸盐形式用于玻璃和陶瓷工业中，20% 用于纺织和染色，13% 用于制化学药品，其余用于罐头工业、皮革工业、电器和冶金工业等。钾的氯酸盐、过磷酸盐和硝酸盐是制造火柴、焰火、炸药和火箭的重要原料。钾的化合物还用于印刷、电池、电子管、照相等工业部门，此外还用于航空汽油及钢铁、铝合金的热处理。

三、供应风险指标

1. 世界总产量和中国产量

2016 年，世界钾盐产量为 3852 万吨，比 2015 年减少 214.3 万吨。中国 2016 年钾盐产量为 620 万吨，与 2015 年产量持平，占世界总产量的 16.1%。世界其他主要钾盐生产国有加拿大、俄罗斯、白俄罗斯，其产量分别占世界总产量的 26.0%、16.9%、16.6%（表 5-36-1）。

表 5-36-1　2015—2016 年世界及主要产地钾盐产量

国　　家	产量 / 万吨	
	2015 年	2016 年
加拿大	1140	1000
俄罗斯	699	650
白俄罗斯	647	640
中　国	620	620
德　国	310	310
以色列	126	130
智　利	120	120
约　旦	141	140
美　国	74	52
其他国家	189.3	190
世界总产量	4066.3	3852

数据来源：Mineral Commodity Summaries

2. 储量

以 K_2O 计，世界钾盐储量为 43 亿吨（图 5-36-2）。中国已探明储量的矿区主要分布在青海、云南、山东、新疆、甘肃、四川等省（自治区）。目前，中国已查明的可溶性钾盐资源储量不大，尚难满足农业对钾肥的需求。因此，钾盐矿被国家列入急缺矿产资源之一。

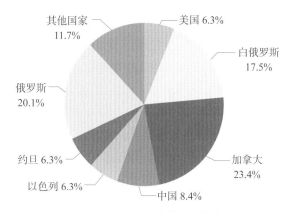

图 5-36-2　2016 年世界钾盐储量分布（以 K_2O 计）
数据来源：Mineral Commodity Summaries

四、高技术指标

1. 环境影响

钾盐主要用于生产肥料。过量施钾肥不仅会浪费资源，且过量的钾肥会随下渗的土壤水转移至根系密集层以下而造成污染，可导致河川、湖泊和内海的富营养化，使藻类等水生植物生长过多；土壤受到污染，物理性质恶化；食品、饲料和饮用水中有毒成分增加。但污染程度相比氮肥过量较轻。

2. 共伴生

钾盐为一种蒸发沉积矿物，由含盐溶液沉积而成，因而常见于干涸盐湖中，与石盐、石膏、杂卤石、光卤石和硬石膏共生。

3. 可替代性

钾作为一种重要的植物营养素，是动物和人类的基本营养需求，没有替代品。肥料和海绿石（绿沙）是低钾含量的来源，可以通过短距离运输到农田。

五、市场应对指标

2016 年，中国氯化钾进口平均价格呈现下滑趋势。其中，1 月价格最高，为 315.6 美元 / 吨；11 月价格最低，为 221.0 美元 / 吨。全年平均价格为 251.6 美元 / 吨，同比下降 20.2%（图 5-36-3）。

2016 年，我国钾肥进口量减少，供应量同比下降，供需趋于平衡。受国际钾肥价格下跌和国内化肥需求减少的双重影响，2016 年我国钾肥进口量大幅下跌，为 408 万吨，比上年减

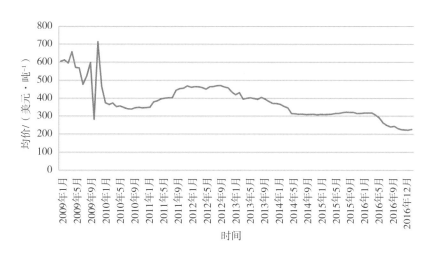

图 5-36-3　2009 年 1 月—2016 年 12 月中国氯化钾月度进口平均价格走势
数据来源：wind 数据库

少 27.2%；氯化钾进口量为 682.0 万吨，同比减少 27.6%。同时，氯化钾大合同价也下探到 219 美元 / 吨，比 2015 年下降 96 美元 / 吨。KCl 以从俄罗斯进口为主，约占进口总量的 35%；从加拿大进口钾肥占比有所下降，约占进口总量的 22%；从白俄罗斯的进口量占到进口总量的近 17%，其他进口国还有德国、以色列和约旦（图 5-36-4）。

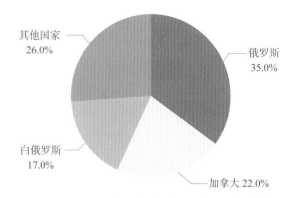

图 5-36-4　2016 年中国进口钾盐主要来源国家及其占比

数据来源：中国海关信息网

第三十七节　锌

一、概述

锌（Zinc），元素符号为 Zn，原子序数为 30。锌是一种常见的有色金属，能与多种有色金属制成合金，其中最主要的是与铜、锡、铅等组成黄铜，与铝、镁、铜等组成压铸合金等。

锌为浅灰色过渡金属；密度为 7.14 克 / 厘米^3，熔点 419.5℃，沸点 906℃；在常温下，性较脆，100 ~ 150℃ 时变软，超过 200℃ 后，又变脆。

锌为 II_B 族金属，化学性质与铝相似。在常温下表面会生成一层薄而致密的碱式碳酸锌膜，可阻止被进一步氧化。当温度达到 225℃ 后，锌则会剧烈氧化。

二、用途

1. 镀锌

锌在常温下表面易生成一层保护膜，充分地发挥了其抗大气腐蚀性能，因此锌被广泛应用于镀锌工业，主要被用作钢材和钢结构件的表面镀层（如镀锌板），用于汽车、建筑、船舶、轻工等行业。目前，镀锌在锌的全部消费结构中占据了一半以上份额。

2. 锌合金

锌本身的强度和硬度不高，但具有适用的机械性能，在与铝、铜等组成合金后，其强度和硬度均大为提高。锌合金广泛应用于汽车制造和机械行业中压铸件及各种零部件的生产，此类应用在锌的应用中占据 20% 左右。

3. 制作电池

锌可以用来制作电池，如锌锰电池及最新研究的锌空气蓄电池。

三、供应风险指标

1. 世界总产量和中国产量

美国地质调查局（2017）数据显示，2016 年世界锌资源产量为 1190 万吨，其中中国（450 万吨）和秘鲁（130 万吨）为两大主产国，两国锌产量约占全球产量的 48.7%。与 2015 年相比，2016 年中国锌产量增加 4.7%，而秘鲁锌产量下降 8.5%。其他锌主产国有澳大利亚（85 万吨）、美国（78 万吨）、墨西哥（71 万吨）、印度（65 万吨）（表 5-37-1；图 5-37-1）。

2. 储量和储产比

2016 年，世界锌资源储量超过 2.2 亿吨，储产比为 18.49。从国别看，世界锌资源集中在澳大利亚（0.63 亿吨）、中国（0.40 亿吨）、秘鲁（0.25 亿吨）、墨西哥（0.17 亿吨）、美国（0.11 亿吨）、哈萨克斯坦（0.11 亿吨）等地，这 6 个国家的锌资源储量合计占全球总量的 75.9%（表 5-37-2；图 5-37-2）。

表 5-37-1 2015—2016 年世界及主要产地锌产量

国 家	产量 / 万吨	
	2015 年	2016 年
美 国	82.5	78
澳大利亚	160	85
玻利维亚	44	46
中 国	430	450
印 度	82.1	65
墨西哥	68	71
秘 鲁	142	130
其他国家	271.4	265
世界总量	1280	1190

数据来源：Mineral Commodity Summaries

表 5-37-2 2016 年世界锌资源储量分布

国 别	储量 / 万吨
美 国	1100
澳大利亚	6300
中 国	4000
印 度	1000
哈萨克斯坦	1100
墨西哥	1700
秘 鲁	2500
其他国家	4300
世界总量	22000

数据来源：Mineral Commodity Summaries

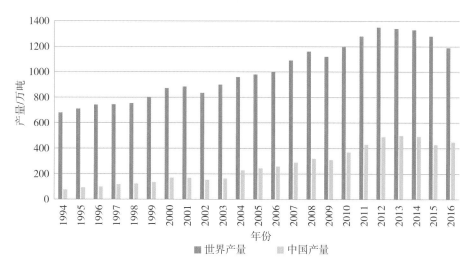

图 5-37-1 1994—2016 年世界和中国锌产量
数据来源：Mineral Commodity Summaries

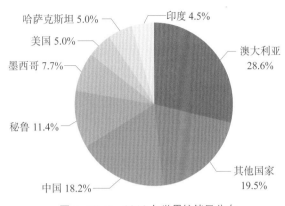

图 5-37-2　2016 年世界锌储量分布

数据来源：Mineral Commodity Summaries

截至 2016 年年底，中国锌矿保有地质储量较多的有云南、广东、湖南、甘肃、广西、内蒙古、四川、青海等省（自治区）。

四、高技术指标

1. 环境影响

金属锌本身无毒，但在焙烧硫化锌矿石、熔锌、冶炼其他含锌杂质的金属的过程中，以及在铸铜过程中产生的大量氧化锌等金属烟尘，对人体有直接的危害。

锌不溶于水，但是锌盐如氯化锌、硫酸锌、硝酸锌等，则易溶于水。碳酸锌和氧化锌不溶于水。全世界每年通过河流输入海洋的锌约为 393 万吨。由采矿场、选矿厂、合金厂、冶金联合企业、机器制造厂、镀锌厂、仪器仪表厂、有机合成工厂和造纸厂等排放的工业废水中，含有大量锌化合物。锌对鱼类和其他水生生物的毒性比对人和温血动物大许多倍。

土壤中的锌来自各种成土矿物。锌离子和含锌络离子参与土壤中的代换反应，常有吸附固定现象。锌在土壤中的富集必然导致在植物体内的富集，这种富集不仅对植物，而且对食用这种植物的人和动物都有危害。用含锌污水灌溉农田对农作物特别是对小麦生长的影响较大。对植物起作用的锌主要是代换态锌。过量的锌还会使土壤酶失去活性，细菌数目减少，土壤中的微生物作用减弱。

2. 共伴生

锌矿包括闪锌矿、锰硅锌矿、异极矿、菱锌矿、红锌矿、硅锌矿等。闪锌矿是分布最广的锌矿物，主要为热液成因，几乎总是与方铅矿共生；锰硅锌矿主要产于铅锌矿床氧化带，为锌的次生矿物，常与异极矿、白铅矿等共生；异极矿产于铅锌硫化物矿床的氧化带，一般是闪锌矿氧化的产物，与菱锌矿、白铅矿、褐铁矿等共生。中国的锌矿一般与铅共生，故称为铅锌矿。

3. 可替代性

锌在很多应用上有替代品。例如，铝和塑料可代替汽车镀锌板；铝合金、镉、油漆和塑料涂层可代替锌镀层；铝镁合金可替代锌基压铸合金；许多元素在化学、电子和颜料的用途上可替代锌。

4. 回收利用

目前，世界上的锌 70% 来自于开采的锌矿石，30% 源于回收锌或二次锌。随着锌生产和回收技术的进步，现在 80% 的可回收锌已经被回收利用，而且锌可以在生产和使用的各个阶段进行回收，例如，回收生产镀锌钢板时产生的废料，制造和安装过程中产生的废料及终端产品废料等。

在工业发达国家及一些资源短缺国家，如日本、德国等，再生锌产业已经相当成熟和完善，锌回收技术也居世界前列。回收锌不仅满足本国锌工业需求，而且大量出口到国外。当前，中国再生锌占消费总量不足 5%，回收利用前景广阔。

五、市场应对指标

1. 进口价格

2016 年，中国其他锌含量 >99.99% 的未锻轧锌（但含锌量 <99.995%）进口平均单价呈现上涨趋势。近几年最高点价格为 3087 美元 / 吨，2017 年 9 月单价为 2823.6 美元 / 吨（图 5-37-3）。

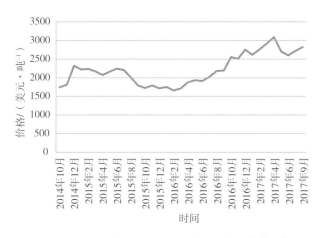

图 5-37-3　2014 年 10 月—2017 年 9 月中国其他锌含量 >99.99% 的未锻轧锌（但含锌量 <99.995%）进口平均单价

数据来源：作者根据相关资料计算得出

2. 进口数量和产地

2016 年，中国锌矿砂及精砂进口量为 199.8 万吨，比 2015 年（323.7 万吨）减少 38.3%。进口产地主要为澳大利亚（进口量 64.4 万吨，进口金额 4.6 亿美元）和秘鲁（进口量 40.1 万吨，进口金额 2.6 亿美元），分别占进口总量的 32.2% 和 20.1%（图 5-37-4）。

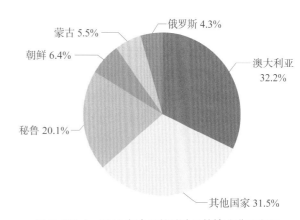

图 5-37-4　2016 年中国锌矿砂及其精矿进口来源国家及占比

数据来源：中国海关信息网

第三十八节　锆、铪

一、概述

锆（Zirconium），元素符号为 Zr，是一种高熔点金属，呈浅灰色。地壳中锆的含量居第 19 位。自然界中具有工业价值的含锆矿物主要有锆英石及斜锆石。

锆的原子序数为 40，原子量为 91.224，外观似钢，有光泽，熔点 1852℃，沸点 4377℃，密度 6.49 克 / 厘米^3，晶胞为密排六方晶胞。

锆容易吸收氢、氮和氧气，对氧的亲和力很强，1000℃条件下氧气溶于锆中能使其体积显著增加；锆的表面易形成一层氧化膜，具有光泽，故外观与钢相似；有耐腐蚀性，但是溶于氢氟酸和王水；高温时，可与非金属元素和许多金属元素反应，生成固溶体；锆的可塑性好，易于加工成板、丝等。锆在加热时能大量地吸收氧、氢、氮等气体，可用作贮氢材料。锆的耐腐蚀性比钛好，接近铌、钽。锆与铪是化学性质相似、共生在一起的两种金属，且含有放射性物质。

铪（Hafnium），元素符号为 Hf，原子序数 72，原子量 178.49，是一种带光泽的银灰色的过渡金属。铪有 6 种天然稳定同位素：^{174}Hf、^{176}Hf、^{177}Hf、^{178}Hf、^{179}Hf、^{180}Hf。铪不与稀盐酸、稀硫酸和强碱溶液作用，但可溶于氢氟酸和王水。铪在地壳中的含量为 0.00045%，在自然界中常与锆伴生。

二、用途

铪与锆的原子性能差异很大。锆的捕获中子的截面积为 0.18 靶恩，而铪的捕获中子的截面积为 115 靶恩，是锆的 600 多倍。因此，金属铪可用作核反应堆的控制材料。目前，几乎所有的船用水冷反应堆均用原子能级纯铪做控制棒。锆合金的热中子吸收截面小，具有良好的加工性，与核燃料有优良的相容性和优异的耐蚀性，是核工业的重要材料，被应用于核燃料元件的包壳、导向管、格架、端塞、端板、隔离块和其他堆芯材料。

含铪的工业级锆可用于冶金、化工、机械和兵器工业，也可制成合金用于航天器及耐高温零件。工业级金属锆、铪的应用概况见表 5-38-1。

三、供应风险指标

1. 世界总产量和中国产量

2016 年，世界锆资源产量为 145.5 万吨，与 2015 年相比有小幅下降。锆资源主要生产国是澳大利亚（55 万吨）、南非（40 万吨）、中国（14 万吨）、印度尼西亚（11 万吨）、印度（4 万吨）、莫桑比克（5.5 万吨）、塞内加尔（5 万吨）（图 5-38-1；表 5-38-2）。中国锆产量占世界总产量的比例为 9.6%，大量需求的解决来源于进口。铪没有独立矿物，常与锆伴生在一起。

2. 储量和储产比

2016 年，世界锆资源储量为 7500 万吨，储产比为 51.4。从国别看，世界锆矿资源集中在澳大利亚和南非。其中，澳大利亚的资源量为 4800 万吨，南非为 1400 万吨，合计锆资源储量占世界锆资源总储量的 82.7%；其次，印度储量为 340 万吨、美国为 50 万吨，其他国家锆资源可采储量占世界锆资源总储量的 12.1%（图 5-38-2）。

表 5-38-1　工业级金属锆、铪的应用概括

应用领域	主要用途
冶金工业	钢铁冶金添加剂：如作脱气剂、晶粒细化剂等； 有色金属冶金添加剂：改善和提高有色金属的性能，并用于烟花材料
石油化学工业	化工设备构件材料，延长设备寿命，降低产品成本
兵器及弹药工业	兵器构件材料和弹药添加剂，延长枪管炮筒寿命，增加起爆速度和爆炸威力
电气及电子工业	真空管、灯具、消气剂和器件构件材料：提高真空管发射性能和电流，锆丝、锆片和锆箔可用作栅极、电极材料和闪光灯
航天航空工业	合金元素：提高和改善航天航空器构件的性能
生物医药行业	人体材料：锆与人体的生物相容性较好，可用作外科和牙科医疗器械、神经外科用螺丝、头盖板等

数据来源：中国有色金属工业协会（2014）

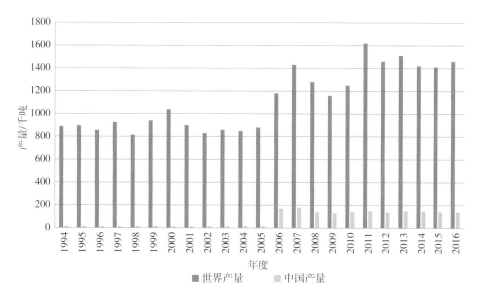

图 5-38-1　1994—2016 年世界和中国锆产量

数据来源：Mineral Commodity Summaries

表 5-38-2　2015—2016 年世界及主要产地锆产量

国　　家	锆精矿产量 / 千吨	
	2015 年	2016 年
美　　国	80	不公开
澳大利亚	567	550
中　　国	140	140
印　　度	40	40
印度尼西亚	110	110
莫桑比克	52	55
塞内加尔	45	50
南　　非	380	400
其他国家	105	110
世界总量	1519	1455

数据来源：Mineral Commodity Summaries

中国用于生产锆的滨海砂矿床分布于海南、广东、福建、山东等省份。其中，大型锆矿床主要分布在广东、海南等地。

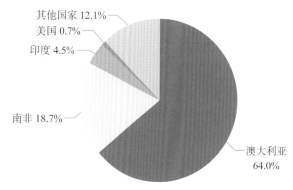

图 5-38-2　2016 年世界锆储量分布

资料来源：Mineral Commodity Summaries

四、高技术指标

1. 环境影响

锆粉为微细粉末，极易燃烧，有时能自燃，在受热、遇明火或接触氧化剂时会引起燃烧爆炸。锆粉也能在二氧化碳及氮气中燃烧。工业上尚未见有锆中毒的报道。有研究认为，随着锆系化合物的需求量越来越大，生产锆系化合物时所产生的锆硅渣及稀碱液也越来越多，大量的工业废弃

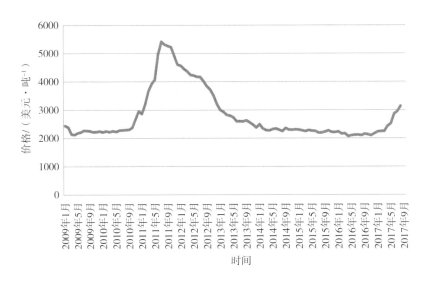

图 5-38-3　2009 年 1 月—2017 年 9 月中国碳酸锆出口价格

数据来源：作者根据相关资料计算得出

物堆积、填埋给环境带来极大的压力。

2. 可替代性

可以使用铬铁矿和橄榄石来代替锆石用于某些铸造应用。在某些高温应用中，白云石和尖晶石也可替代锆石。铌、不锈钢和钽在核应用中也能提供有限的替代价值，钛和合成材料可能替代一些化学加工厂的应用。在许多核电厂中，可以用银镉铟来代替锆，在超合金应用领域锆也可以与铪互换。

3. 回收利用

锆硅渣是工业上利用氢氧化钠分解锆英石生产锆系列化合物（如二氧化锆、氧氯化锆等）后产生的固体废弃物。回收锆硅渣中的二氧化硅将其制成白炭黑、隔热保温材料等产品，既可实现废物再次利用，提高不可再生资源的利用率，还对废物减排和保护环境具有积极意义。

五、市场应对指标

1. 出口价格

中国海关资料显示，2012 年碳酸锆出口价格

呈下降趋势，2014—2016 年维持在约 2000 美元 / 吨；2017 年开始回升，2017 年 1—9 月，中国碳酸锆出口平均单价约 2500 美元 / 吨（图 5-38-3）。

2. 进口数量和产地

2016 年，中国锆矿砂及其精矿进口量为 100.7 万吨，同比下降 2.7%。进口产地主要为澳大利亚，进口量为 46.4 万吨，占进口总量的 46.1%；南非的进口量为 20.4 万吨，占进口总量的 20.3%；莫桑比克为 10.6 万吨，占进口总量的 10.5%（图 5-38-4）。

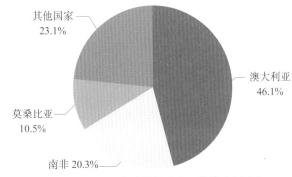

图 5-38-4　2016 年中国锆矿砂及其精矿主要进口来源国家及占比

数据来源：中国海关信息网

参 考 文 献

程新, 沈镭. 2011. 欧盟矿产资源政策走向及对我国的影响分析 [J]. 中国矿业, 20(7):1-5.

兰青, 陈英. 2013. 城市环境铂族金属分布特性及生态健康风险研究进展 [J]. 生态环境学报, (5): 894-900.

李青青. 2016. 回收利用锆硅渣制备白炭黑及合成硬硅钙石的研究 [D]. 南宁 : 广西民族大学.

刘昊, 刘亮明. 2015. 铷和铯的应用前景及其制约因素 [J]. 南方国土资源, (11):31-33.

孙艳, 王瑞江, 亓锋, 等. 2013. 世界铷资源现状及我国铷开发利用建议 [J]. 中国矿业, 22(9):11-13.

张新安, 张迎新. 2011. 把"三稀"金属等高技术矿产的开发利用提高到战略高度 [J]. 国土资源情报, (6):2-7.

中国有色金属工业协会. 2013. 中国锂、铷、铯 [M]. 北京 : 冶金工业出版社.

中国有色金属工业协会专家委员会. 2014. 中国锆、铪 [M]. 北京 : 冶金工业出版社.

Achzet B, Helbig C. 2013. How to evaluate raw material supply risks: an overview[J]. Resour. Policy, 38: 435-447.

APS (American Physical Society) and MRS (The Materials Research Society). 2011. Energy critical elements: Securing materials for emerging technologies[R]. Washington, DC: APS.

Beylot A, Villeneuve J. 2015. Assessing the national economic importance of metals: An input-output approach to the case of copper in France[J]. Resour. Policy, 44: 161-165.

BGS. 2012. Risk list 2012: An updated supply risk index for chemical elements or element groups which are of economic value[R]. British Geological Survey, Nottingham, United Kingdom.

Bradfish L J. 1987. United States strategic mineral policy [J]. Loy.l.a.l.rev.

British Geological Survey. 2004. The economic importance of minerals to the UK[R].

Buchert M, Sch€uler D, Bleher D. 2009. Critical metals for future sustainable technologies and their recycling potential[R]. €Oko-Institut, United Nations Environment Programme: Nairobi, Kenia.

Busch J, Steinberger J K, Dawson D A, et al. 2014. Managing critical materials with a technology-specific stocks and flows model[J]. Environmental Science & Technology 48: 1298-1305.

Coulomb R, Dietz S, Godunova M, et al. 2015. Critical minerals today and in 2030: an analysis of OECD countries[J]. Oecd Environment Working Papers, 2015.

DeYoung J H, L McCartan and J Gambogi. 2006. What's been (and what will be) strategic –My metal or your paint?[R] In Reid, J.C. (ed.), Proceedings of the 42nd Forum on the Geology of Industrial Minerals: Information Circular 34, North Carolina Geological Survey.

Diallo M S, Baier G, Moyer B A, et al. 2015. Critical materials recovery from solutions and wastes: Retrospective and outlook[J]. Environmental Science & Technology 49: 9387-9389.

Duclos S J, Otto J P, Konitzer G K. 2010. Design in an era of constrained resources[J]. Mech. Eng. 132 (9): 36–40.

EC. 2014. Report on critical raw materials for the EU[R]. European Commission, Report of the Ad-hoc Working Group on defining critical raw materials.

EC COM. 2010. 2020 "Europe 2020", and COM(2010) 614 "An Integrated Industrial Policy for the Globalisation Era" [R].

EC COM. 2010. 2020 "Europe 2020", and COM(2011) 21 "A resource-efficient Europe: flagship initiative under the Europe 2020 strategy" [R].

EC COM. 2011. 0025 Tackling the challenges in commodity markets and on raw materials[R].

EC COM. 2013. 0442 On the implementation of the Raw Materials Initiative[R].

Erdmann L, Graedel T E. 2011. Criticality of non-fuel minerals: A review of major approaches and Analyses[J]. Environmental Science & Technology, 45(18):7620-7630.

European Commission. 2014. Critical raw materials for the EU. 2010. [EB/OL] (2010) [2014- 05- 12] http://ec.europa. eu/enterprise/policies/raw-materials/files/docs/report-b_en.pdf.

European Commission.2014. Report on critical raw materials for the EU[R]. Report of the Ad-hoc Working Group on defining critical raw materials.

Evans A M. 1993. Ore geology and industrial minerals: An introduction (3d ed.)[M]. Oxford, U.K.: Blackwell Science, 10.

Fizaine F. 2013. Byproduct production of minor metals: Threat or opportunity for the development of clean technologies? The PV sector as an illustration[J]. Resour. Policy 38: 373-383.

Gleich B, Achzet B, Mayer H, et al. 2013. An empirical approach to determine specific weights of driving factors for the price of commodities: A contribution to the measurement of the economic scarcity of minerals and metals[J]. Resour. Policy 38: 350-362.

Gloeser S, Espinoza L T, Gandenberger C, et al. 2015. Raw material criticality in the context of classical risk assessment[J]. Resour. Policy, 44: 35-46.

Goe M, Gaustad G. 2014. Identifying critical materials for photovoltaics in the US: A multi-metric approach[J]. Applied Energy, 123: 387-396.

Gordon R B, Bertram M, Graedel T E. 2007. On the sustainability of metal supplies: A response to Tilton and Lagos[J]. Resour. Policy, 32: 24-28.

Graedel T E, Barr R, Chandler C, et al. 2012. Methodology of metal criticality determination[J]. Environmental Science & Technology, 46(2):1063-1070.

Graedel T E, Harper E M, Nassar N T, et al. 2015a. Criticality of metals and metalloids[J]. Proceedings of the National Academy of Sciences of the United States of America, 112(14):4257-4262.

Graedel T E, Harper E M, Nassar NT, et al. 2015b. On the materials basis of modern society[J]. Proceedings of the National Academy of Sciences of the United States of America, 112: 6295-6300.

Graedel T E, Nassar N T. 2015. The criticality of metals: a perspective for geologists[C] in: Jenkin G R T, Lusty P A J, McDonald I, et al. (Eds.), Ore Deposits In an Evolving Earth: 291-302.

Graedel T E, Nuss P. 2014. Employing considerations of criticality in product design[J]. Jom, 66: 2360-2366.

Graedel T E, Reck B K. 2016. Six years of criticality assessments: What have we learned So Far?[J] Journal of Industrial Ecology, 20: 692-699.

Harper E M, Kavlak G, Burmeister L, et al. 2015. Criticality of the geological Zinc, Tin, and Lead family[J]. Journal Of Industrial Ecology, 19: 628-644.

Hatayama H, Tahara K. 2015. Evaluating the sufficiency of Japan's mineral resource entitlements for supply risk mitigation[J]. Resour. Policy, 44: 72-80.

Helbig C, Wietschel L, Thorenz A, et al. 2016. How to evaluate raw material vulnerability : An overview[J]. Resour. Policy, 48: 13-24.

Hower J C, Granite E J, Mayfield D B, et al. 2016. Notes on contributions to the science of rare earth element enrichment in coal and coal combustion byproducts[J]. Minerals, 6.

Industrie D E E, Isi F. 2010. Critical raw materials for the EU[R]. Report of the Ad-hoc Working Group on defining critical raw materials.

Institute for Defense Analyses(IDA).2011. From National Defense Stockpile (NDS) to Strategic Materials Security Program (SMSP): Evidence and Analytic Support.

Jaffe R, Price J, Ceder G, et al. 2011. Energy critical elements: Securing materials for emerging technologies[J]. Mining Engineering.

Jr T D C, Emmelhainz L W. 1986. Strategic materials policy: A system study[J]. Systems Research, 3(3):135–146.

Kim J, Guillaume B, Chung J, et al. 2015. Critical and precious materials consumption and requirement in wind energy system in the EU 27[J]. Applied Energy, 139: 327-334.

Koos van Wyk, M Anton von Below. 1988. The debate on South Africa's strategic minerals revisited[J]. Comparative Strategy, 7:159-182.

Lapko Y, Trucco P, Nuur C. 2016. The business perspective on materials criticality: Evidence from manufacturers[J]. Resour. Policy, 50: 93-107.

Marc Humphries. 2015. China's mineral industry and U.S. access to strategic and critical minerals: Issues for Congress, Congressional Research Service[R].

McMahon F & Cervantes M. 2011. Fraser institute annual survey of mining companies 2010/2011[R]. Fraser Institute, Vancouver, B.C.

Morley N, Eatherley D. 2008. Material security. Ensuring resource availability to the UK economy[M]. Oakedene Hollins; C-Tech Innovation: Chester, UK.

Nassar N T, Barr, R, Browning M, et al. 2012. Criticality of the geological Copper family[J]. Environmental Science & Technology, 46: 1071-1078.

National Research Council (NRC), Committee on Critical Mineral Impacts on the US Economy. 2008. Minerals, Critical Minerals, and the U.S. Economy[M]. The National Academies Press: Washington, DC.

Nieto A, Guelly K, Kleit A. 2013. Addressing criticality for rare earth elements in petroleum refining: The key supply factors approach[J]. Resour. Policy, 38: 496-503.

Noack C W, Dzombak D A, Karamalidis A K. 2015. Determination of rare earth elements in hypersaline solutions using low-volume, liquid-liquid extraction[J]. Environmental Science & Technology, 49: 9423-9430.

Norman C. 1985. Critical materials imports vulnerable, OTA warns[J]. Science, 227: 394-394.

NSTC. 2016. Assessment of critical minerals: Screening methodology and initial application[R].US.

Nuss P, Harper E M, Nassar N T, et al. 2014. Criticality of Iron and its principal alloying Elements[J]. Environmental Science & Technology, 48: 4171-4177.

Panousi S, Harper E M, Nuss P, et al. 2016. Criticality of seven specialty metals[J]. Journal Of Industrial Ecology, 20: 837-853.

Parthemore C. 2011. Elements of security: Mitigating the risks of U.S. dependences on critical minerals[R]. Washington, DC: Center for a New American Security.

Pfleger P, Lichtblau K, Bardt H, et al. 2009. Rohsto situation Bayern: Keine Zukunft ohne Rohstoe[J]. Strategien und Handlungsoptionen; IW Consult; Vereinigung der Bayerischen Wirtschaft (Ed.): Munich, Germany.

Promisel N E, Gray A G. 1982. USA tackles critical materials[J]. Resource. Policy, 8: 143-146.

Pub. L. 96–479, § 1, Oct. 21, 1980, 94 Stat. 2305, provided: "That this Act [enacting this chapter] may be cited as the 'National Materials and Minerals Policy, Research and Development Act of 1980'".

Reck B K, Graedel T E. 2012. Challenges in metal recycling[J]. Science, 337: 690-695.

Riddle M, Macal C M, Conzelmann G, et al. 2015. Global critical materials markets: An agent-based modeling approach[J]. Resour. Policy, 45: 307-321.

Robinson A L. 1986. Congress critical of foot-dragging on critical materials[J]. Sciences, 234(4772): 20-21.

Roelich K, Dawson D A, Purnell P, et al. 2014. Assessing the dynamic material criticality of infrastructure transitions: A case of low carbon electricity[J]. Applied Energy, 123: 378-386.

Rosenau-Tornow D, Buchholz P, Riemann A, et al. 2009. Assessing the long-term supply risks for mineral raw materials: a combined evaluation of past and future trends[J]. Resources Policy, 34(4):161-175.

Shinko Research (Mitsubishi UFJ Research and Consulting). 2009. Trend report of development in materials for substitution of scarce metals[J]. New Energy and Industrial Technology Development Organization (NEDO), Tokyo.

Skirrow R G, Huston D L, Mernagh T P, et al. 2013. Critical commodities for a high-tech world: Australia's potential to supply global demand[J]. Geoscience Australia, Canberra.

Statsistics Netherlands, Centre for Policy Related Statistics. 2010. Critical materials in the Dutch economy[J]. Preliminary results; The Hague,Netherlands.

Sykes J P, Wright J P, Trench A, et al. 2016. An assessment of the potential for transformational market growth amongst the critical metals[J]. Applied Earth Science Imm Transactions, 125(1):21-56.

The Government Accountability Office (GAO). 2008. Hardrock Mining: Information on State Royalties and Trends in Mineral Imports and Exports[R]. GAO-08-849R, July 21.

The Office of Science and Technology Policy (OSTP) .2016. Assessment of critical minerals: Screening methodology and initial application[J]. the Office of Science and Technology Policy (OSTP). DOI: 10.13140/RG.2.1.4854.7441

The World Bank. 2017. The growing role of minerals and metals for a low carbon future[R]. IBRD and The World

Bank, World Bank Publications, Washington: 112.

Thomason J S, Atwell R J, Bajraktari Y, et al. 2008. From National Defense Stockpile (NDS) to Strategic Materials Security Programme (SMSP): Evidence and analytic support[R]. Vol. I; Institute for Defense Analyses (IDA): Alexandria, VA.

U.S. Department of Defense (DOD). 2013. Strategic and critical materials 2013 report on stockpile requirements[R].

U.S. Department of Energy (DOE). 2010. Critical materials strategy[R]. Washington, DC.

U.S. Department of Energy(DOE). 2011. Critical materials strategy[J]. Politics Economics Development International Relations National Comparison.

U.S. DOE. 2010. Critical materials strategy[R]. U.S. Department of Energy, Washington, D.C.

Zhang J S, Everson M P, Wallington T J, et al. 2016. Assessing economic modulation of future critical materials use: The case of automotive-related platinum group metals[J]. Environmental Science & Technology: 50: 7687-7695.